# Análise estatística de dados geológicos

FUNDAÇÃO EDITORA DA UNESP

*Presidente do Conselho Curador*
Herman Jacobus Cornelis Voorwald

*Diretor-Presidente*
José Castilho Marques Neto

*Editor-Executivo*
Jézio Hernani Bomfim Gutierre

*Conselho Editorial Acadêmico*
Alberto Tsuyoshi Ikeda
Áureo Busetto
Célia Aparecida Ferreira Tolentino
Eda Maria Góes
Elisabete Maniglia
Elisabeth Criscuolo Urbinati
Ildeberto Muniz de Almeida
Maria de Lourdes Ortiz Gandini Baldan
Nilson Ghirardello
Vicente Pleitez

*Editores-Assistentes*
Anderson Nobara
Henrique Zanardi
Jorge Pereira Filho

# Análise estatística de dados geológicos

Paulo Milton Barbosa Landim

2ª edição revista e ampliada

© 2003 Editora UNESP

Direitos de publicação reservados à:

Fundação Editora da Unesp (FEU)
Praça da Sé, 108
01001-900 – São Paulo – SP
Tel.: (0xx11) 3242-7171
Fax: (0xx11) 3242-7172
www.editoraunesp.com.br
www.livrariaunesp.com.br
feu@editora.unesp.br

Dados Internacionais de Catalogação na Publicação (CIP)

(Câmara Brasileira do Livro, SP, Brasil)

Landim, Paulo Milton Barbosa
   Análise estatística de dados geológicos / Paulo Milton Barbosa Landim.
– 2. ed. rev. e ampl. – São Paulo: Editora UNESP, 2003.

   Bibliografia.
   ISBN 85-7139-504-7

   1. Geologia – Métodos estatísticos I. Título.

03-6366                                                    CDD-551.072

Índices para catálogo sistemático:
   1. Dados geológicos: Análise: Métodos estatísticos    551.072
   2. Geologia: Estatística: Métodos estatísticos    551.072
   3. Métodos Estatísticos: Geologia    551.072

Editora afiliada:

*À Carminda*

# Sumário

Apresentação, 11

1 Introdução, 17

    1.1 Aplicações da Estatística em Geologia, 18

    1.2 Natureza dos dados geológicos, 22

2 Populações e amostras, 25

    2.1 Populações em Geologia, 26

    2.2 Amostragem, 27

        2.2.1 Planos de amostragem, 27

        2.2.2 Um modelo estatístico geral para amostragem geológica, 29

3 Distribuições de frequências, 33

    3.1 Representação gráfica de distribuições amostrais, 34

    3.2 Medidas descritivas de uma série de números, 35

    3.3 Método dos momentos para o cálculo das estatísticas, 38

    3.4 Distribuições teóricas de frequências, 41

        3.4.1 Distribuição binomial, 41

        3.4.2 Distribuição de Poisson, 42

        3.4.3 Distribuição normal, 43

        3.4.4 Distribuição lognormal, 44

        3.4.5 Distribuição circular normal, 44

3.5 Verificação da presença de distribuição normal em um conjunto de dados, 45

    3.5.1 Papel de probabilidade normal, 46

    3.5.2 Método dos momentos, 48

    3.5.3 Aplicação do teste W, 48

    3.5.4 Aplicação do teste de aderência do $\chi^2$, 49

    3.5.5 Teste de Kolmogorov-Smirnov para curvas de frequências acumuladas, 50

    3.5.6 Distribuição lognormal, 51

3.6 Exemplo, 53

## 4 Estimativas e testes de hipóteses, 59

4.1 Teste t, 61

    4.1.1 Teste de hipótese para $\bar{x}$, com $\mu$ desconhecida e variância estimada, 62

    4.1.2 Comparação entre duas médias, 64

    4.1.3 Intervalos de confiança para $\mu$, 65

4.2 Teste F, 66

4.3 Teste $\chi^2$ (qui-quadrado), 67

    4.3.1 Intervalos de confiança para $\sigma^2$, 67

    4.3.2 Prova de aderência, 68

    4.3.3 Comparação entre distribuições de frequências, 70

    4.3.4 Tabela de contingência, 72

## 5 Análise de variância, 75

5.1 Introdução, 75

5.2 Tipos principais de análise de variância, 78

    5.2.1 Fator único com replicação, 81

    5.2.2 Dois fatores cruzados com replicação, 82

    5.2.3 Dois fatores hierárquicos com replicação, 84

    5.2.4 Homogeneidade de variâncias, 85

    5.2.5 Teste para diferença significativa entre médias, 86

5.3 Análise de variância não paramétrica,  87

    5.3.1 Análise de variância com único critério,
        segundo Kruskal e Wallis,  87

    5.3.2 Análise de variância com duplo critério, segundo Friedman,  88

5.4 Exemplos,  88

# 6 Análise de regressão,  99

6.1 Correlação Linear,  99

    6.1.1 Coeficiente de correlação linear produto momento,
        segundo Pearson,  99

    6.1.2 Coeficiente de correlação não paramétrico, segundo
        Spearman,  100

    6.1.3 Matriz de coeficientes de correlação,  103

6.2 Regressão linear,  104

    6.2.1 Verificação do ajuste de dados ao modelo linear simples,  106

6.3 O uso equivocado da análise de regressão linear em Geologia,  106

    6.3.1 Coeficiente de correlação,  107

    6.3.2 Eixo maior reduzido,  108

6.4 Regressão curvilínea,  110

6.5 Regressão múltipla,  111

# 7 Análise de dados vetoriais,  121

7.1 Dados vetoriais no espaço a duas dimensões,  122

7.2 Dados vetoriais no espaço a três dimensões,  127

7.3 Exemplo,  133

# 8 Análise de dados em sequência,  135

8.1 Cadeias de Markov,  136

    8.1.1 Matrizes de registro de transições,  137

    8.1.2 Teste estatístico para propriedade markoviana,  140

    8.1.3 Matriz de transições estabilizadas,  142

    8.1.4 Transições estacionárias,  142

    8.1.5 Entropia,  143

    8.1.6 Seções estratigráficas simuladas,  143

    8.1.7 Aplicações das cadeias de Markov,  144

9  Análise de superfícies de tendência,  149

9.1 Introdução,  149

9.2 Análise de superfícies de tendência,  151

9.2.1 Cálculo das superfícies,  153

9.2.2 Verificação do ajuste das superfícies de tendência aos dados observados e intervalos de confiança,  155

9.2.3 Comparação entre superfícies de tendência,  157

9.2.4 Exemplos,  162

10  Análise espacial de dados regionalizados,  171

10.1 Variograma e semivariograma,  173

10.2 Krigagem,  184

10.2.1 Krigagem ordinária,  186

10.2.1.1 Exemplo: estimativa de um ponto,  189

10.2.1.2 Exemplo: estimativa de um ponto,  194

10.2.1.3 Exemplo: estimativa de uma área,  195

10.2.1.4 Exemplo: análise espacial de dados hidrogeológicos,  197

10.2.1.5 Exemplo: cálculo de reserva de uma jazida de carvão (Sapopema-PR),  205

10.2.2 Krigagem com tendência regionalizada,  211

10.2.2.1 Exemplo,  214

10.2.2.2 Exemplo,  217

10.2.3 Krigagem indicativa,  225

10.2.3.1 Exemplo,  226

10.2.4 Cokrigagem ordinária,  229

10.2.4.1 Exemplo,  232

10.2.4.2 Exemplo,  234

10.3 *Softwares* para uso em geoestatística,  238

10.4 Considerações finais,  242

Referências bibliográficas,  243

# Apresentação

Os livros-texto de Estatística Básica normalmente contêm tópicos que tratam de dados univariados, testes de hipótese e até mesmo correlação e regressão lineares. Alguns chegam a apresentar tipos e modelos de análise de variância. Na discussão sobre análise de dados apresentam-se os métodos para cálculo de medidas de tendência central e de dispersão e testes para a verificação da presença ou não de normalidade. Na discussão sobre correlação entre variáveis usualmente são considerados dois diferentes atributos, porém, não é comum a preocupação em verificar a correlação entre valores de uma mesma variável obtidos em diferentes pontos no espaço. Em Geologia, cujos dados são, frequentemente, coletados segundo um plano de amostragem com coordenadas definidas, torna-se muito importante que, ao se analisarem esses dados, seja considerada sua configuração espacial. Essa é, inclusive, uma característica inerente aos dados geológicos, que exige para a sua análise uma metodologia estatística específica e diferente daquela usualmente utilizada.

Apenas a título de exemplo, são apresentados valores de duas variáveis (A e B), obtidos a partir de amostragem em rede regular, com as mesmas coordenadas geográficas (Tabela I). A verificação das distribuições desses valores, por um gráfico do tipo histograma, permite a constatação de que ambas são bastante semelhantes, sendo bastante provável que qualquer teste estatístico que venha a ser aplicado aceitará a hipótese de igualdade entre as duas populações em estudo (Figuras I e II). Todavia, se traçadas curvas de isovalores para ambas as situações, os mapas resultantes não apoiarão a mesma hipótese, uma vez que elas se apresentarão com configurações espaciais diferentes (Figuras III e IV).

Tabela I – Dados referentes às variáveis A e B

| ID | Coordenadas | | Variáveis | |
|---|---|---|---|---|
| | E-W | N-S | A | B |
| 1 | 1,00 | 5,00 | 0,80 | 1,95 |
| 2 | 2,00 | 5,00 | 0,72 | 2,10 |
| 3 | 4,00 | 5,00 | 0,69 | 1,30 |
| 4 | 3,00 | 4,50 | 0,80 | 1,40 |
| 5 | 4,50 | 4,50 | 0,73 | 0,73 |
| 6 | 0,50 | 4,00 | 1,19 | 1,50 |
| 7 | 1,50 | 4,00 | 0,94 | 1,85 |
| 8 | 2,50 | 4,00 | 0,96 | 1,41 |
| 9 | 3,50 | 4,00 | 1,05 | 1,20 |
| 10 | 5,00 | 4,00 | 1,32 | 1,32 |
| 11 | 1,00 | 3,50 | 1,02 | 1,60 |
| 12 | 2,00 | 3,50 | 1,20 | 1,57 |
| 13 | 3,00 | 3,50 | 1,10 | 1,10 |
| 14 | 4,00 | 3,50 | 1,18 | 1,18 |
| 15 | 6,00 | 3,50 | 1,30 | 1,31 |
| 16 | 1,50 | 3,00 | 1,55 | 1,55 |
| 17 | 2,50 | 3,00 | 1,57 | 1,20 |
| 18 | 3,50 | 3,00 | 1,30 | 1,30 |
| 19 | 5,00 | 3,00 | 1,00 | 0,76 |
| 20 | 0,50 | 2,50 | 1,18 | 1,18 |
| 21 | 1,50 | 2,50 | 1,40 | 1,40 |
| 22 | 2,00 | 2,50 | 1,30 | 1,30 |
| 23 | 2,50 | 2,50 | 1,50 | 1,45 |
| 24 | 4,00 | 2,50 | 1,40 | 1,40 |
| 25 | 1,50 | 2,00 | 1,85 | 1,00 |
| 26 | 2,50 | 2,00 | 1,20 | 1,05 |
| 27 | 3,00 | 2,00 | 1,23 | 1,23 |
| 28 | 4,00 | 2,00 | 1,30 | 1,30 |
| 29 | 0,50 | 1,50 | 1,62 | 1,00 |
| 30 | 1,50 | 1,50 | 2,09 | 0,81 |
| 31 | 2,00 | 1,50 | 1,60 | 0,70 |
| 32 | 2,50 | 1,50 | 1,40 | 0,80 |
| 33 | 3,00 | 1,50 | 1,41 | 0,55 |
| 34 | 3,50 | 1,50 | 1,38 | 1,38 |
| 35 | 4,00 | 1,50 | 1,04 | 1,04 |
| 36 | 2,00 | 1,00 | 1,31 | 0,80 |
| 37 | 3,50 | 1,00 | 1,28 | 1,28 |
| 38 | 2,50 | 0,50 | 0,55 | 1,00 |

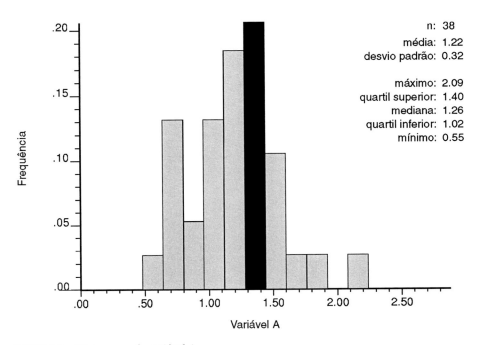

FIGURA 1 – Histograma da variável A.

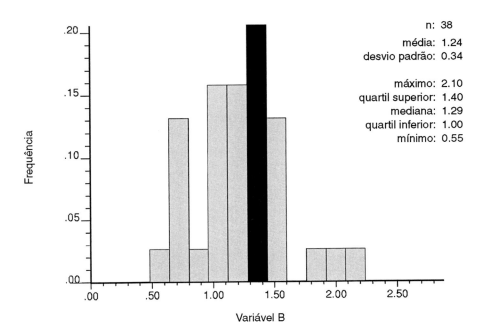

FIGURA 2 – Histograma da variável B.

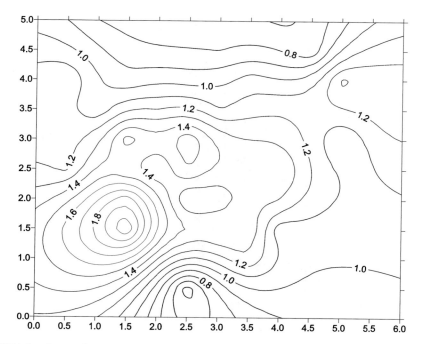

FIGURA 3 – Curvas de isovalores da variável A.

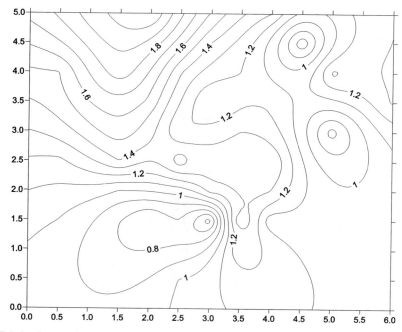

FIGURA 4 – Curvas de isovalores da variável B.

Embora este texto enfoque especialmente a análise de dados geológicos, controlados pela sua distribuição espacial, ele pode também ser utilizado em outras áreas que disponham igualmente de dados georreferenciados. Escrito por um professor de Geologia preocupado em transmitir conceitos estatísticos da maneira mais simples possível e que possam ser úteis na análise desses dados, expõe, logo após a Introdução, nos Capítulos 2 a 6, os métodos usualmente descritos nos livros de Estatística Descritiva. Nos capítulos 7 e 8, apresentam-se os métodos que, embora não usuais nos textos voltados à Estatística Aplicada, são muito úteis para a análise de dados vetoriais ou em sequência, tão comuns em Geologia. O Capítulo 9 aborda os métodos que procuram analisar os dados com distribuição espacial, com ênfase na análise das superfícies de tendência, e, por último, o Capítulo 10 apresenta a metodologia geoestatística. Nesta segunda edição, erros e imperfeições da edição anterior foram corrigidos e o antigo Capítulo 9 subdividiu-se em dois outros, permitindo ampliar os conceitos em razão da sua importância no contexto deste livro.

Esta é, em síntese, a finalidade deste trabalho. Espera-se que ele seja útil, mas também se deve lembrar que, muitas vezes, as pessoas se utilizam da Estatística como um bêbado (não necessariamente geólogo) que, ao lado de um poste à noite, apenas serve-se dele como suporte, mas não para iluminar-se. Que não seja este o seu caso, prezado(a) leitor(a).

Para aqueles que desejam se aprofundar nesta matéria, recomendam-se os livros introdutórios, sobre a aplicação da Estatística em Geologia, de Till (1974) e Cheeney (1983) e os mais abrangentes, de Krumbein & Graybill (1965), Koch & Link (1970 e 1971) e Davis (1986). Também é indicada a leitura do texto editado por Size (1987) que trata dos usos e abusos dos métodos estatísticos nas Ciências da Terra.

Registre-se aqui um agradecimento especial ao Rubens, à Alessandra e à Darlene, pela colaboração na revisão inicial dos originais.

# 1 Introdução

A tentativa de aplicação de métodos quantitativos em Geologia coincide com o seu estabelecimento como ciência moderna e pode-se citar, como exemplo, que a subdivisão do Terciário, por Lyell em 1830, baseou-se na proporção de espécies recentes de moluscos presentes nos diversos estratos da Bacia de Paris. Não alcançou, todavia, um estágio de quantificação comparável àquele existente em Física ou em Química, e isso se deve fundamentalmente ao grande número de variáveis envolvidas nos processos geológicos e ao fato de que essa ciência trabalha com uma quarta dimensão – o tempo. Nos últimos quarenta anos, porém, tem sido notável a mudança da fase puramente descritiva dos fenômenos geológicos para um enfoque quantitativo. Esse processo de transformação das Ciências da Terra baseia-se em três fatores principais: a facilidade de acesso a computadores digitais, a introdução do conceito de modelos matemáticos para a explicação de fenômenos geológicos e a busca da integração dos diversos fenômenos geológicos pela Teoria da Deriva Continental.

A aceitação pelos geólogos tem sido bem maior no que se refere à Tectônica Global, e isso pode ser facilmente constatado nos livros-textos de Geologia básica mais recentes, que já apresentam e discutem tais conceitos. O mesmo não acontece com a aplicação de modelos quantitativos, utilizando-se ou não de computadores, e isso porque os geólogos acostumados com o uso do método das múltiplas hipóteses julgam que podem lidar com fenômenos naturais apenas em termos qualitativos, e acabam por criar uma barreira entre os dados obtidos e o seu manuseio. Um dos motivos alegados, inclusive, é que os métodos quantitativos apresentados são julgados extremamente complexos e mediante uma linguagem matemática de difícil entendimento. Há uma certa verdade nisso – e se é desejo que profissionais e alunos ligados à área de Geociências analisem quantitativamente seus dados, faz-se necessário que os métodos lhe sejam apresentados em linguagem acessível. Este é o principal objetivo deste texto.

Desse modo, espera-se que o processo de atribuição de valores, de acordo com certas regras, aos dados de campo ou laboratório, sejam eles referentes a quantia, grau, extensão, magnitude etc., e o subsequente tratamento matemático dessas observações proporcionem uma sensível melhoria nos seguintes campos de atividade em Geologia:

- na amostragem, pelo fornecimento de critérios segundo os quais as amostras geológicas coletadas sejam representativas das populações sob estudo;
- na análise de dados, pelo registro sistemático e ordenado dos valores obtidos e pela representação gráfica que resuma os resultados, também pela identificação de tendências, agrupamentos e correlações;
- na comprovação de hipóteses de trabalho, pela verificação de conceitos ou modelos de processos geológicos;
- na previsão quantitativa, ao solucionar problemas específicos que envolvam interpolações e extrapolações.

Somente desse modo é que a Geologia conseguirá ser, além de uma ciência que estuda o presente para interpretar o passado – sua característica fundamental – também uma ciência que entende o presente para prever o futuro.

## 1.1 Aplicações da Estatística em Geologia

Para o manuseio de dados geológicos em termos quantitativos requer-se a utilização de *modelos*. Segundo Krumbein & Graybill (1965), podem ser considerados os seguintes tipos de modelos:

- *Modelo conceptual* – Trata-se de uma formulação mental simplificada de algum fenômeno natural, apresentada tanto em diagramas quanto em forma qualitativa ou mesmo quantitativa, que buscam definir as condições de contorno do estudo. Inicialmente é muito simples e em bases qualitativas, mas, posteriormente, com o acúmulo de informações, os elementos passam para termos quantitativos. A distinção entre os processos geológicos e os seus produtos é um tipo desse modelo. Nos ambientes atuais facilmente se reconhecem os processos, porém nas rochas acham-se registrados apenas os produtos, o que exige a construção de um modelo conceptual para que se possa inferir os processos. Por exemplo, modelos estratigráficos, modelos petrológicos, modelos geomorfológicos, modelos paleontológicos, modelos hidrológicos etc.

- *Modelo escalar* – Trata-se de uma representação em maior ou menor escala do original, como apresentado na natureza. Por exemplo, modelo cristalográfico, blocos-diagrama, mapas em geral etc.
- *Modelo matemático* – Trata-se de uma abstração de um modelo físico no qual em vez de objetos, eventos, ambientes etc. acham-se representados constantes variáveis e parâmetros. O modelo matemático classifica-se em determinístico, estatístico e estocástico ou probabilístico.
- *Modelo determinístico* – Expressa a relação existente entre uma variável dependente em função de uma ou mais variáveis independentes, cujos valores são perfeitamente conhecidos e o fenômeno ocorre numa situação ideal. Isso significa que a validade desse modelo pode ser perfeitamente testada por um experimento. Por exemplo, a Lei de Stokes, que trata da decantação de partículas menores que 60 micra e que relaciona a velocidade de deposição de pequenas esferas perfeitas com o seu diâmetro e a viscosidade do meio fluido, segundo a fórmula:

$$V = \frac{2(\rho_1 - \rho_2)}{9\phi} g.r^2 \, ,$$

onde

$V$ = velocidade de deposição da esfera
$\rho_1$ = densidade da esfera
$\rho_2$ = densidade do fluido
$\phi$ = viscosidade do fluido
$R$ = raio da esfera
$G$ = aceleração da gravidade

Stokes derivou essa lei baseando-se em princípios hidrodinâmicos sem o concurso de experimentação, pois supunha conhecidas todas as variáveis que governam o processo em condições padrões, e assim, V poderia ser matematicamente determinada.

- *Modelo estatístico* – expressão matemática envolvendo variáveis, parâmetros, constantes e uma ou mais componentes casuais ou aleatórias (*random*). O termo componente casual é utilizado por representar as flutuações existentes nos dados, as quais não podem ser previstas em apenas uma observação, mas podem se tornar previsíveis se tomado um número n de observações. Em outras palavras, se for adicionada uma componente casual ao modelo determinístico este se torna estatístico. Isso pode ser ilustrado com o exemplo da já citada Lei de Stokes:

$$V = C_1 r^2 \quad \text{(modelo determinístico)}$$

$$C_1 = \frac{2(\rho_1 - \rho_2)g}{9\phi}$$

Se for considerado, por exemplo, um experimento em Sedimentologia para uma série de medidas, as velocidades de decantação de partículas das frações silte e argila serão obtidas segundo:

$$V_i = C_1 r^2 + e_i \text{ (modelo estatístico)}$$

$e_i$ = desvios da i-ésima medida de velocidade, em relação à "verdadeira" velocidade predita pela Lei de Stokes:

$$V_i = V + e_i$$

Quanto maior o número de $V_i$, mais próximo estar-se-á do verdadeiro valor de V. As medidas individuais $V_1$, $V_2$...$V_n$ constituem amostras retiradas de uma população cujo valor médio é V. O desvio entre o experimento e a teoria é chamado erro, o qual pode ter sua origem na mensuração dos elementos do modelo e/ou na utilização de um modelo inadequado.

- *Modelo estocástico* – também possui, como o modelo estatístico, variáveis, parâmetros, constantes e componentes casuais, porém, neste caso, uma delas, no mínimo, é gerada durante o desenrolar do processo, o qual passa a se desenvolver em bases probabilísticas. No desenvolvimento de um perfil longitudinal de um rio, por exemplo, a probabilidade de erosão diminui das cabeceiras para a jusante, fornecendo uma curva exponencial. Também no caso de uma transgressão ou de regressão marinha a sedimentação de uma litologia depende, em bases probabilísticas, de outras litologias previamente depositadas.

Normalmente um estudo geológico inicia-se com a construção de um modelo conceptual e o passo seguinte é procurar melhorá-lo em termos quantitativos. Para tanto existem, fundamentalmente, três linhas de ação:

- construção de um modelo escalar em laboratório sobre o qual experimentos serão desenvolvidos;
- amostragem detalhada no campo para coletar informações sobre certas variáveis consideradas representativas e submeter os dados a uma análise estatística conveniente;
- considerar o problema em bases puramente teóricas e construir um modelo matemático determinístico para a interpretação do sistema em estudo.

Mediante a utilização do conceito de modelos pode-se, portanto, organizar a seguinte sequência esquemática de estágios em um estudo geológico quantitativo:

1. enfoque de um problema geológico;
2. desenvolvimento de um modelo conceptual;
3. seleção de variáveis que completam o modelo e especificação das variáveis dependentes e independentes;
4. coleta e análise dos dados de acordo com as exigências do modelo e do desenho experimental;
5. seleção das variáveis mais importantes (a menos que isso já tenha sido feito durante o estágio 3);
6. refinamento do modelo, tornando-o estatístico, estocástico ou determinístico;
7. uso do modelo refinado na predição de relações adicionais que possam ser testadas por meio de novos conjuntos de dados;
8. aceitação, rejeição ou melhoria do modelo;
9. retorno ao estágio apropriado.

Neste texto serão tratadas, principalmente, as técnicas relacionadas a seguir:

| Objetivos perseguidos | Técnicas |
|---|---|
| Estimativa de parâmetros a partir de amostras | Cálculo dos momentos |
| | Análise de distribuição de frequência |
| | Intervalos de confiança |
| | Testes de aderência |
| Estimativa de similaridades ou diferenças entre parâmetros | Teste t |
| | Análise de variância |
| Estimativa de associações entre propriedades mensuráveis de populações | Regressão e correlação |
| Avaliação espacial de padrões de distribuição em área de propriedades mensuráveis | Análise de superfícies de tendência |
| | Geoestatística |

As técnicas mencionadas se referem apenas ao modelo estatístico, isto é, aquelas que tratam dos procedimentos que procuram determinar o comportamento da(s) componente(s) casual(is) existente(s), com ênfase no controle espacial, quando se analisam dados geológicos. Nem todos os problemas geológicos, porém, requerem métodos estatísticos para a sua solução como, por exemplo, na medição do eixo maior de um único seixo. Se, porém, pretende-se determinar, por exemplo, o valor médio dos eixos maiores de seixos existentes numa praia, a partir da medição efetuada em alguns, haverá necessidade de se recorrer à Estatística. Ela também será necessária para verificar se a amostragem feita representa significativamente a totalidade dos seixos da praia. São, pois, diversas as circunstâncias em que métodos estatísticos podem e devem ser aplicados, porém a decisão sobre qual dependerá sempre do objetivo a ser alcançado. Em outras palavras, se a resposta é quantitativa a pergunta sempre deve ser geológica. A Estatística é uma ferramenta e, como tal, não substitui a falta de conhecimento geológico, ou de qualquer outro conhecimento específico.

## 1.2 Natureza dos dados geológicos

Os dados geológicos apresentam certas peculiaridades que os distinguem daqueles provenientes de outras ciências, pois são geralmente o produto de fenômenos naturais que ocorreram há um determinado tempo atrás e, desse modo, sem controle nenhum do pesquisador. Além disso, em diversas circunstâncias, os registros nas rochas desses fenômenos naturais acham-se alterados ou mesmo erodidos por fenômenos subsequentes Em razão dessas dificuldades, o geólogo deve, ao iniciar seu trabalho, estar seguro do material à disposição e dos propósitos da pesquisa. Isso orientará a amostragem, a qual fornecerá os dados que possibilitarão inferir conclusões estatísticas válidas.

O método adotado na coleta dos dados classifica-os em quatro classes segundo as respectivas operações: medição, contagem, identificação e ordenação. São exemplos:

- *Medição* – espessura de uma camada, ângulo de mergulho de um eixo de dobra etc.;
- *Contagem* – número de grãos de zircão numa lâmina de minerais pesados; número de poços petrolíferos produtores numa região etc.;

- *Identificação* – classificação de um fóssil dentro de um determinado gênero ou espécie; identificação de uma rocha num determinado grupo petrográfico etc.;
- *Ordenação* – escala de dureza dos minerais; tabela de cores etc.

Qualquer método que permita a obtenção de um valor numérico para uma determinada propriedade inerente a um objeto ou a um grupo de objetos acaba por se utilizar uma das seguintes escalas de medidas (Stevens, 1946):

- *Escala nominal* – utiliza como operação básica a classificação de objetos em termos de igualdade de seus atributos. Neste caso, tanto faz serem usados nomes, símbolos ou números. Por exemplo, identificação e/ou classificação de rochas, minerais ou fósseis; cor de sedimentos etc.
- *Escala ordinal* – Utiliza como operação básica também a classificação para determinação do valor maior ou menor. É empregada nos casos em que pode ser organizada uma série ordenada, ou seja, quando é possível distinguir valores relativos com referência às qualidades dos seus atributos. Esses números não se sucedem necessariamente a intervalos iguais. Exemplos: escala de dureza de Mohs; estimativas visuais de esfericidade e de arredondamento de grãos; ordenação de estratos por idade etc.
- *Escala por intervalos* – Utiliza como operação básica de medida a determinação da igualdade entre intervalos. Empregada nos casos em que é possível estabelecer uma igualdade entre os intervalos de classe, sem levar em consideração o ponto zero, de tal modo que cada classe seja sucedida por uma outra a uma fixada e conhecida proporção. Exemplos: escala de temperatura, valores de potencial espontâneo, tamanho de partículas etc.
- *Escala por razões* – Utiliza como operação básica de medida a determinação da igualdade de razões. Empregada nos casos em que é possível demonstrar igualdade de razões com respeito à qualidade em questão, havendo necessidade de se levar em consideração a identificação do ponto zero. É a mais versátil e poderosa escala de medida. Exemplos: medidas de peso ou massa, comprimento, área, volume, velocidade de corrente etc.

As escalas nominal e ordinal fornecem valores discretos e as escalas de intervalo e de razão valores contínuos.

Para a aplicação de métodos estatísticos existe à disposição um grande número de *softwares*, vários bastante completos e complexos e outros de mais fácil manuseio, como o disponível no Excel®, em "Análise de Dados" no menu "Ferramentas" (Lapponi, 1997).

# 2 Populações e amostras

Ao conjunto de todas as repetições possíveis de um fenômeno aleatório denomina-se população. Isso significa que a população é um conjunto de medidas referentes a uma propriedade específica de um grupo de objetos e não um conjunto de objetos. Ao subconjunto de observações que se tem em mãos denomina-se amostra. Deve-se salientar que em Geologia o termo amostra tem um conceito muito forte, significando uma porção física de uma rocha, de um testemunho, solo etc. Uma amostra geológica é, portanto, um indivíduo que pertence a uma amostra em termos estatísticos.

Como raramente o conjunto total de observações acha-se disponível, os parâmetros populacionais têm de ser inferidos mediante estatísticas derivadas de amostras. Segundo a metodologia estatística, para que amostras possam fornecer informações úteis a respeito da população, é necessário:

- definir a população;
- que as amostras sejam aleatórias, isto é, tenham sido coletadas com imparcialidade.

Importante, todavia, é distinguir entre população amostrada e população visada. A *população visada* é aquela sobre a qual se está interessado e se deseja fazer inferências e a *população amostrada* é aquela que foi submetida a um processo de amostragem. A inferência estatística diz respeito às relações entre as amostras e a população amostrada. Por outro lado, o relacionamento entre população amostrada e população visada não é feito por meio de métodos estatísticos, mas sim por discernimentos obtidos *a priori*, isto é, o conhecimento geológico que se tenha do problema em estudo. Uma interes-

26

sante discussão sobre o assunto encontra-se em Krumbein & Graybill (1965, p.147-69).

Seja, como exemplo, o Subgrupo Itararé na Bacia do Paraná a população visada, sendo submetida a uma amostragem para camadas de carvão por perfurações. Para definir a população visada há diversas alternativas, que irão considerá-la como hipotética, existente ou acessível:

- todo o Subgrupo Itararé originalmente depositado durante o Carbonífero e Permiano;
- o Subgrupo Itararé restante após a remoção em diversas áreas pelas formações mais jovens;
- apenas o Subgrupo Itararé aflorante;
- apenas o Subgrupo Itararé em condições para ser minerado em minas a céu aberto;
- apenas o Subgrupo Itararé em condições para ser minerado em minas subterrâneas com mais de 100 m de cobertura, e assim por diante.

O modelo conceptual que se faz de uma população geológica é, portanto, extremamente importante para a aplicação de qualquer técnica estatística e deve ser preliminarmente especificado o seguinte:

- definição do indivíduo ou do elemento na população de objetos ou eventos;
- tipo de mensuração numérica utilizada;
- limites da população.

## 2.1 Populações em Geologia

Uma população geológica engloba objetos, eventos ou números que são do interesse direto num estudo geológico. Os elementos ou indivíduos são definidos dentro dessa população segundo limites impostos pela natureza e propósito do respectivo estudo. Assim, as populações geológicas podem ser consideradas das seguintes maneiras:

a) População definida em termos de indivíduos isolados que a compõe:

- Os objetos na população são indivíduos, e um ou mais atributos são medidos em cada um deles. Exemplo: espessuras de arenitos numa população de corpos arenosos existentes numa determinada unidade estratigráfica.
- Os objetos na população são conjuntos de indivíduos, sendo cada indivíduo medido isoladamente. Exemplo: relação clásticos/químicos numa população de corpos arenosos existentes numa unidade estratigráfica.

b) População definida em termos do conjunto de indivíduos, conjunto esse em que são elementos da população:

- Os objetos estão agrupados e as medidas são tomadas diretamente em relação ao conjunto, e não aos indivíduos que o compõe. Exemplo: porosidade de unidade estratigráfica numa população de unidades estratigráficas situadas em uma bacia sedimentar.
- Os objetos estão agrupados, mas são medidos individualmente para obtenção de propriedades gerais desses conjuntos. Exemplo: espessuras de corpos arenosos por unidades estratigráficas numa população de unidades estratigráficas situadas em uma bacia sedimentar.

## 2.2 Amostragem

Para que a partir de um determinado número de observações, isto é, de amostras, se possa estimar o comportamento do conjunto de todas as observações em potencial, ou seja, da população, é necessário que esses subconjuntos sejam coletados de tal modo que cada observação tenha a mesma chance de ser escolhida. Quando uma amostra é obtida segundo esse critério denomina-se casual ou aleatória (*random*) e existem, para tanto, diversos esquemas de amostragem, os quais são empregados conforme o objetivo da pesquisa e o que se conhece a respeito do modelo estatístico. Nessas condições, normalmente são utilizadas tabelas de números aleatórios. Entre as diversas existentes pode ser citada aquela elaborada pela *Rand Corporation*, constituída por um milhão de dígitos. As tabelas distribuídas por diversas páginas são dispostas em dez colunas com números de cinco dígitos e a seriação desses números numa décima primeira coluna na extrema esquerda. Para usá-la, deve-se iniciar, aleatoriamente por qualquer página, coluna ou extremidade de coluna e ler os números numa direção consistente até o tamanho desejado.

### 2.2.1 Planos de amostragem

#### a) Amostragem casual simples

Para esta amostragem é necessário preliminarmente construir um sistema de referência, isto é, a relação completa e numerada de todos os elementos n que compõem a população. Em seguida utiliza-se uma tabela de números ao acaso para a escolha dos n números que comporão a amostra.

Essa amostragem será com reposição se os elementos de população puderem entrar mais de uma vez para a amostra e, neste caso, a amostragem é estatisticamente independente. Caso contrário, a amostragem será sem reposição e estatisticamente dependente. Exemplo: seja a população de n fósseis de uma mesma espécie encontrados num certo afloramento. Depois de todos numerados escolhem-se m exemplares, sendo m < n segundo a tabela de números aleatórios, para serem submetidos a medições.

### b) Amostragem sistemática

Quando o sistema de referência geral para toda a população é dispensado e por sorteio, amostras são sistematicamente coletadas segundo um padrão predeterminado. Exemplo: seja um levantamento geoquímico em uma área contida numa folha topográfica. Inicialmente, divide-se o mapa em um número suficiente de quadrículas, numeradas no sentido leste-oeste e norte-sul. Em seguida, utilizando processo casual simples, sorteiam-se algumas quadrículas e uma amostra será retirada do ponto central de cada uma delas.

### c) Amostragem por agrupamentos

Quando a construção do sistema de referência, dada uma certa unidade de amostragem, é inexequível, escolhe-se uma amostra casual simples de uma unidade de amostragem maior que englobe um certo número de indivíduos, os quais serão todos considerados. Exemplo: sejam n poços para água subterrânea distribuídos irregularmente numa área e se quer, a partir de m poços, sendo m < n, verificar a vazão média regional. A área será dividida em quadrículas e, segundo um processo casual simples, escolhem-se algumas delas. Todos os poços contidos em cada uma das quadrículas sorteadas serão considerados.

### d) Amostragem estratificada

Utilizada quando se supõe presente uma grande variabilidade nas observações. Neste caso, divide-se a população em subpopulações e cada uma delas é submetida a uma amostragem casual simples. O efeito dessa amostragem é que apesar de existir uma grande variabilidade entre as subpopulações, consegue-se encontrar dentro de cada uma delas uma variabilidade menor.

Exemplo: seja uma prospecção para chumbo numa região de contato de granito intrusivo no calcário. Inicialmente divide-se a região em três áreas: calcário, granito e zona intermediária entre os dois corpos; em seguida, cada uma das regiões será submetida a um processo conveniente de amostragem.

### e) Amostragem hierárquica

O sistema de referência é construído no sentido de unidades de amostragem maiores para menores mediante sucessivas amostragens casuais. Exemplo: seja um corpo de arenito com n afloramentos distribuídos por uma área e se quer amostrá-lo para minerais pesados. Inicialmente, por processo de amostragem casual simples, sorteiam-se a afloramentos. Cada um desses afloramentos é subdividido em seções e para cada afloramento s seções são escolhidas. De cada seção sorteiam-se m amostras. Todas as amostras são numeradas e então, por um processo casual simples, sorteiam-se aquelas que terão o seu conteúdo em minerais pesados estudado.

### 2.2.2 Um modelo estatístico geral para amostragem geológica

Como num estudo geológico, e em qualquer situação na natureza, a variabilidade associada aos dados é desconhecida, a primeira preocupação deve ser o entendimento da extensão dessa variabilidade.

Os quatro tipos de variabilidade que geralmente estão associados às observações são:

a) variabilidade natural;
b) variabilidade em razão da amostragem;
c) variabilidade em razão da preparação das amostras;
d) variabilidade analítica.

Existe também uma flutuação casual não explicada por nenhuma dessas fontes de variação citadas.

Entre os diversos planos de amostragem existentes, um dos mais comuns para ser aplicado em Geologia é o hierárquico ou em série.

a) Se uma unidade rochosa for perfeitamente homogênea, o valor que uma variável geológica qualquer, $x_i$, apresenta para qualquer i-ésima amostra, no sentido geológico, será sempre o mesmo e igual à média $\mu$.

$$x_i = \mu$$

Como medidas no laboratório envolvem alguma espécie de erro, um modelo mais realístico seria:

$$x_i = \mu + e_i,$$

onde $e_i$ é o erro associado à determinação no laboratório para a i-ésima amostra.

Por um lado, se a somatória de todos os valores de $e_i$ tende para zero à medida que o número de valores cresce, a soma dos $x_i$ para todas as amostras, dividida pelo respectivo número, tenderá para $\mu$. Por outro lado, se a soma de $e_i$ não tende para zero, o experimento fornecerá um resultado tendencioso (*biased*). Isso significa que a população de valores $e_i$ deve ter uma média igual a zero para que o modelo seja válido. Em outras palavras, a amostragem, as análises de laboratório e o tratamento estatístico devem ser conduzidos de tal maneira que os valores de $e_i$ associados a cada $x_i$ tenderão a zero à medida que o número de amostras cresça.

b) Se, porém, uma unidade rochosa apresentar variações em sua composição em escala regional e se para cada local forem coletadas mais de uma amostra, têm-se os seguintes modelos:

b.1.) As amostras são homogêneas entre si para cada local e heterogêneas entre si para locais diferentes.

$$x_{ij} = \mu + \alpha_i + e_{ij}$$

O termo $\alpha_i$ representa a diferença entre a média da unidade rochosa em questão e o valor para a i-ésima localidade amostrada; $x_{ij}$ é a determinação analítica da amostra proveniente da i-ésima localidade.

b.2.) As amostras não são homogêneas entre si em cada localidade e também heterogêneas entre si para locais diferentes.

$$x_{ijk} = \mu + \alpha_i + \beta_{ij} + e_{ijk}$$

Nesse modelo $x_{ijk}$ representa a k-ésima determinação analítica da j-ésima amostra da i-ésima localidade de amostragem; $\mu$, como antes, é o valor médio geral para todos os indivíduos da população; $\alpha_i$ é a diferença entre esse valor médio geral e o valor médio para a i-ésima localidade, $\beta_i$ é a diferença entre a j-ésima amostra da i-ésima localidade e a média para a i-ésima localidade; e $e_{ijk}$ é o erro na k-ésima determinação analítica na j-ésima amostra da i-ésima localidade. Cada termo subscrito no lado direito da equação, que representa o modelo, deve ter soma que tenda para zero à medida que os locais de amostragem, as amostras por local e as análises por amostra cresçam.

Modelos de amostragem hierárquicos podem conter qualquer número de termos e o número dependerá do grau de detalhe requerido e da natureza da variação da variável geológica em questão.

Aplicando-se esta metodologia, da chamada estatística clássica, os parâmetros $\mu$, $\alpha$ e $\beta$ podem ser estimados a partir de valores amostrados, que fornecerão $\bar{x}$, a e b, pelo método dos mínimos quadrados ou análise de variância. Valores previstos para locais não amostrados poderão ser inferidos após estabelecidos limites de confiança para $\bar{x}_i \pm a_i$ ou $\bar{x}_{ij} \pm a_{ij}$, com base na variância dentre amostras $s^2$. Quanto menor $\sigma^2$, ou seja, a variância populacional, mais precisa será qualquer previsão, e é nesse aspecto que reside a grande importância da metodologia geoestatística, pois ela fornece os melhores estimadores lineares não tendenciosos (*best linear unbiased estimator, BLUE*). Para a amostragem sistemática de funções espaciais, dentro do enfoque da geoestatística, recomenda-se o trabalho de Olea (1984). Segundo esse autor, num plano de amostragem, para variáveis geológicas com comportamento espacial ocorrem duas categorias de fatores: os controláveis e os não controláveis. Este assunto será retomado no capítulo 10.

# 3 Distribuições de frequências

Quando se dispõe de um grande número de observações, torna-se extremamente difícil a sua compreensão pela simples leitura dos valores colocados em tabelas. Há necessidade portanto de organizá-los, seja por seleção, agrupamento ou divisão proporcional, a fim de que, depois de resumidos, eles possam ser facilmente manuseados. A distribuição por frequências é uma dessas maneiras de apresentação de dados.

Os dados, enquanto não organizados numericamente, são considerados brutos. Para que sejam classificados pelas respectivas frequências, eles podem ser distribuídos por classes, de modo agrupado ou não. Esse arranjo de dados ordenados denomina-se distribuição de frequências.

Tabela 3.1 – Frequências para dados não agrupados

| Dados ( $x_i$ ) | Frequências ( $f_i$ ) |
|---|---|
| 500 | 3 |
| 501 | 6 |
| 502 | 15 |
| 503 | 9 |
| 504 | 2 |

Tabela 3.2 – Frequências para dados agrupados

| (Dados classes) | Frequências ( $f_i$ ) |
|---|---|
| 500-510 | 3 |
| 510-520 | 7 |
| 520-530 | 19 |
| 530-540 | 12 |
| 540-550 | 5 |

No caso de dados agrupados, para a construção da distribuição de frequências, deve-se inicialmente determinar o número e o intervalo de classes. Para isso, verificam-se quais os valores mínimo e máximo presentes cuja diferença fornece a amplitude de variação e em seguida divide-se a amplitude total em um número conveniente de intervalos de classes que tenham a mesma amplitude. Uma regra empírica, estabelecida por Sturges (1926), estipula para o cálculo do número de classes k a seguinte expressão, onde N é o número de valores:

$$K = 1 + 3,3(\log_{10}N)$$

Cada intervalo de classes terá um limite inferior a um limite superior além de um ponto médio. A frequência relativa de uma classe é encontrada pela relação entre a frequência absoluta dessa classe e o número total de frequências, sendo geralmente expressa em porcentagem. A soma de frequências até um determinado valor fornece a frequência acumulada.

Tabela 3.3 – Frequências relativas e acumuladas

| Classes | Ponto médio | Frequência absoluta | Frequência relativa (%) | Frequência relativa acumulada |
|---|---|---|---|---|
| 2-3 | 2,5 | 4 | 4,88 | 4,88 |
| 3-4 | 3,5 | 12 | 14,63 | 19,51 |
| 4-5 | 4,5 | 15 | 18,29 | 37,80 |
| 5-6 | 5,5 | 19 | 23,17 | 60,97 |
| 6-7 | 6,5 | 23 | 28,05 | 89,02 |
| 7-8 | 7,5 | 9 | 10,98 | 100,00 |

## 3.1 Representação gráfica de distribuições amostrais

São como representações gráficas de uma distribuição de frequências: o histograma, o polígono de frequências e a curva de frequências.

O histograma é um gráfico composto por retângulos justapostos em que a base de cada um deles corresponde ao intervalo de classe e a sua altura à respectiva frequência. O polígono de frequências é obtido ligando-se pontos médios dos topos dos retângulos de um histograma. A curva de frequências é uma curva obtida quando o número de intervalos de classes tende ao infinito ou a amplitude do intervalo tende a zero. Na realidade é uma distribuição de medidas contínuas. A curva de frequências acumuladas é aquela em que a cada intervalo de classe em abscissa corresponde em ordenada à soma das frequências dos intervalos de classe até o intervalo considerado.

Outras maneiras gráficas de representar uma série de dados são os diagramas triangulares para dados geoquímicos, os diagramas circulares e as rosetas para dados vetoriais.

## 3.2 Medidas descritivas de uma série de números

Um outro modo de resumir uma série grande de observações é descrevê-la em termos numéricos. Assim, são utilizados como medidas de tendência central: média aritmética, média aritmética ponderada, média geométrica, média harmônica, mediana e moda; e como medidas de dispersão: amplitude total, desvio médio, desvio padrão, variância e coeficiente de variação.

Se todas as observações de uma população estão à disposição, a média populacional ($\mu$) é a média aritmética calculada pela soma dos valores de todas as observações ($x_i$) dividida pelo número de observações n.

$$\mu = \frac{\Sigma x_i}{n}$$

Se a população é representada por uma distribuição de frequência teórica, n é indeterminado porque por definição a população é infinita em tamanho, e o parâmetro é obtido pela fórmula:

$$\mu = \int_{-\infty}^{\infty} x_i f(x) dx$$

Se as observações constituem apenas uma amostra, a média é determinada por:

$$\overline{x} = \frac{\Sigma x_i}{n} \text{ , sendo } \overline{x} \text{ uma estimativa de } \mu.$$

Para dados amostrais agrupados, a média é calculada segundo

$$\overline{x} = \frac{\Sigma x_i f_i}{\Sigma f_i}$$

Depois de obtida a média, para se calcular a distribuição dos valores das observações em torno dela, é necessário a determinação de uma medida de variação, segundo

$$\text{desvio médio} = DM = \frac{\Sigma(x_i - \mu)}{n}$$

Todavia, como essa fórmula sempre fornece um resultado igual a 0 (zero), cada termo é elevado ao quadrado:

$$\Sigma(x_i - \mu)^2$$

Para obter uma medida média de variação, divide-se essa expressão por n, originando a variância. A raiz quadrada da variância fornece o desvio padrão:

$$\sigma^2 = \frac{\Sigma(x_i - \mu)^2}{n}$$

Se a população é representada por uma frequência teórica da distribuição, n é indeterminado e a fórmula para variância torna-se

$$\sigma^2 = \int_{-\infty}^{\infty}(x_i - \mu)^2 f(x)dx$$

Se as observações constituem uma única amostra e $\mu$ é desconhecida, a variância é determinada por

$$s^2 = \frac{\Sigma(x_i - \overline{x})^2}{n-1},$$

a qual é usada para estimar a variância populacional.

Coloca-se $n - 1$ no denominador em lugar de n com o propósito de tornar a variância da amostra a estimativa da variância populacional (Li, 1964, p.1-70); $n - 1$ é conhecido como graus de liberdade (g.l.) e refere-se ao número de somas independentes lineares numa soma de quadrados. Assim, na fórmula para o cálculo de $s^2$ existem n somas independentes lineares. Como $\Sigma(x_i - \overline{x}) = 0$, as n somas $x_i - \overline{x}$ não são linearmente independentes e ocorre uma dependência. Portanto, $\Sigma(x_i - \overline{x})^2$ tem $n - 1$ graus de liberdade.

Uma maneira mais prática para o cálculo da variância da amostra é

$$s^2 = \frac{\Sigma x_i^2 - \dfrac{(\Sigma x_i)^2}{n}}{n-1}$$

Para dados amostrais agrupados a variância é calculada segundo

$$s^2 = \frac{\dfrac{\Sigma(x_i - \overline{x})^2 f_i}{n}}{(\Sigma f_i)-1}$$

ou pela fórmula abreviada

$$s^2 = \frac{\dfrac{\Sigma x_i^2 f_i - \dfrac{(\Sigma x_i f_i)^2}{n}}{\Sigma f_i}}{n}{(\Sigma f_i)-1}$$

Se as observações forem modificadas pela adição ou multiplicação de um valor constante, a média, a variância e o desvio padrão modificar-se-ão da seguinte maneira:

1) $x_i' = x_i + a$ $\quad$ $x' = \overline{x} + a$

$s'^2 = s^2$ $\quad$ $s' = s$

2) $x_i' = xa$ $\quad$ $\overline{x}' = \overline{x}a$

$s'^2 = s^2 a$ $\quad$ $s' = sa$

Essas mudanças nas observações, pela introdução de uma ou mais constantes por adição ou multiplicação, são um exemplo de transformação linear. Uma outra transformação linear muito usual, conhecida como z, é aquela que subtrai a média $\bar{x}$, das observações $x_i$ e divide o resultado pelo desvio padrão s:

$$z_i = \frac{x_i - \bar{x}}{s_x}$$

Essa transformação converte o conjunto de valores $x_i$ em valores $z_i$ cuja média é 0 e a variância 1.

O coeficiente de variação é a relação entre o desvio padrão e a média, fornecendo uma medida relativa da variabilidade de observações para posições negativas ou positivas. É uma medida bastante útil na avaliação da variabilidade de dados geológicos e geralmente expressa em porcentagem.

Para populações, o coeficiente de variação é:

$$\upsilon = \frac{\sigma}{\mu}$$

e para amostras:

$$cv = \frac{s}{\bar{x}}$$

Na descrição de uma amostra são consideradas ainda as medidas de assimetria e de curtose, as quais fornecem informações sobre o formato da curva de distribuição. *Assimetria* é o grau de afastamento da média em relação à moda e à mediana e numa distribuição de frequência simétrica a moda, a mediana e a média coincidem. *Curtose* é uma medida que dá o grau de achatamento da curva.

## 3.3 Método dos momentos para o cálculo das estatísticas

O desenvolvimento das medidas dos momentos para a descrição de uma distribuição de frequência tem como objetivo um procedimento que resulte estatísticas provenientes de amostras, as quais: a) descrevam a distribuição de frequência com critérios de consistência, eficiência e suficiência; b) possam testar a sua significância e assegurar que seus valores não são o resultado de acidentes de amostragem; c) sejam aplicáveis a qualquer tipo de distribuição de frequência e independente do caráter das medidas.

Para uma distribuição teórica de frequências o momento de ordem p em relação à origem 0 (zero) é

$$\mu'_p = \int_r x^p f(x) dx$$

onde "r" indica a extensão dos valores de x.

Se os momentos forem referidos à média, o momento central de ordem p é

$$\mu_p = \int_r (x - \mu)^p f(x) dx.$$

Para o caso de distribuição de frequências a partir de amostra os momentos de ordem p tornam-se

$$m'_p = \frac{1}{n} \Sigma x_i^p$$

$$m_p = \frac{1}{n} \Sigma (x_i - \overline{x})^p$$

e para dados agrupados em k classes, com pontos médios $x_j$ e frequência s$f_j$

$$m'_{pk} = \frac{1}{\Sigma f_j} \Sigma f_j x_j^p$$

$$m_{pk} = \frac{1}{\Sigma f_j} \Sigma f_j (x_j - \overline{x})^p$$

Utilizando o método dos momentos, as estatísticas média, variância, assimetria e curtose podem ser calculadas da seguinte maneira:

a) Média, ou primeiro momento em torno de 0 (zero):

$$\overline{x} = m'_1 = \frac{1}{n} \Sigma x_i$$

$$\overline{x}_k = m'_{1k} = \frac{1}{\Sigma f_j} \Sigma f_j x_j$$

b) Variância, ou segundo momento centrado na média:

$$s^2 = m_2' = \frac{1}{n}\Sigma(x_i - \overline{x})^2 = \frac{n-1}{n}s^2$$

$$s^2 = m_{2k}' = \frac{1}{\Sigma f_j}\Sigma f_j(x_j - \overline{x}_k)^2$$

c) Assimetria e curtose, calculadas pelos momentos centrados na média em unidades de desvio padrão, segundo Pearson:

$$m_3' = \frac{\Sigma x_i^{\ 3}}{n} - 3\overline{x}\frac{\Sigma x_i^2}{n} + 2\overline{x}^3$$

$$m_4' = \frac{\Sigma x_i^{\ 4}}{n} - 4\overline{x}\frac{\Sigma x_i^3}{n} + 6\overline{x}^2\frac{\Sigma x_i^2}{n} - 3\overline{x}^4$$

$$assimetria = b_1 = \frac{m_3'}{\left(\left(m_2'\right)^{1/2}\right)^3}$$

$$curtose = b_2 = \frac{m_4'}{\left(\left(m_2'\right)^{1/2}\right)^4}$$

Para curvas normais, $b_1 = 0$ e $b_2 = 3$. Tabelas com limites de confiança para este teste de normalidade podem ser encontradas em Pearson & Hartley (1976).

d) Assimetria e curtose, calculadas pelas estatísticas k de Fischer ou semi-invariantes:

$$k_1 = \frac{S_1}{n} = \overline{x}$$

$$k_2 = \frac{nS_2 - S_1^2}{n(n-1)} = s^2$$

$$k_3 = \frac{n^2 S_3 - 3nS_2 S_1 + 2S_1^3}{n(n-1)(n-2)}$$

$$k_4 = \frac{(n^3 + n^2)S_4 - 4(n^2 + n)S_3 S_1 - 3(n^2 - n)s_2^2 + 12nS_2 S_1^2 - 6S_1^4}{n(n-1)(n-2)(n-3)},$$

onde n = número de valores

$$S_r = \sum x_i^r \text{ ou } S_r = \sum x_i f_i$$

$$\text{assimetria} = g_1 = \frac{k_3}{k_2^{3/2}} = \frac{k^3}{\sigma^3}$$

$$\text{curtose} = g_2 = \frac{k_4}{k_2^2}$$

Neste caso, para uma curva normal ou simétrica, $g_1 = 0$; valores positivos indicam uma distribuição com o valor da moda menor que o da média e valores negativos indicam uma distribuição com valor da moda maior que o da média. Uma curva normal tem também $g_2 = 0$; valores de $g_2 > 0$ indicam uma curva leptocúrtica e valores de $g_2 < 0$ indicam uma curva platicúrtica (Bennett & Franklin, 1954).

## 3.4 Distribuições teóricas de frequências

Uma distribuição teórica de frequências é um modelo matemático que representa todos os valores de uma variável e pode, em consequência, ser matematicamente manipulada a fim de desenvolver métodos estatísticos. As distribuições teóricas de frequências mais utilizadas em Estatística, quando aplicadas à Geologia, são: distribuição binomial e distribuição de Poisson, para populações constituídas por dados discretos; e distribuição normal, distribuição lognormal e distribuição circular normal, para populações constituídas por dados contínuos.

### 3.4.1 Distribuição binomial

É a mais importante distribuição de probabilidade discreta e uma das mais importantes na Estatística geral. Foi proposta pelo matemático suíço Bernoulli por volta de 1700.

Se a probabilidade de acontecimento de um evento é p e a de não acontecimento é q, onde p + q = 1, a probabilidade de x eventos desejados em uma amostra de tamanho n é $P_x$, onde:

$$P_x = \frac{n!}{x!(n-x)!} p^{n-x} q^x, \text{ onde } 0 < x < ,$$

momentos da distribuição:

$$\mu_1' = u = np$$

$$u_2' = \sigma^2 = npq$$

$$\text{assimetria} = a_3 = \frac{q-p}{\sqrt{npq}}$$

$$\text{curtose} = a_4 = 3 + \frac{1-6pq}{npq}$$

Exemplos em Geologia: minerais comuns em rochas expressos em números de grãos em subamostras de um tamanho estabelecido; número de fósseis abundantes em rochas em subamostras de tamanho estabelecido; ocorrência de estratificação cruzada em arenito (0 = ausente, 1 = presente) etc.

### 3.4.2 Distribuição de Poisson

É uma distribuição também para dados discretos, desenvolvida pelo matemático francês Denis Poisson em 1837.

Quando p é pequeno e n é grande, a distribuição binomial aproxima-se da distribuição de Poisson. Se np = m, a probabilidade de x eventos desejados em uma amostra de tamanho n é $P_x$, onde:

$$P_x = e^{-m} \frac{m^x}{x!}$$

momentos da distribuição:

$$\mu_1' = \mu = m = np$$

$$\mu_2 = \sigma^2 = m = np$$

$$\text{assimetria} = \frac{1}{m} = \frac{1}{n_p}$$

$$\text{curtose} = 3 + \frac{1}{m} = 3 + \frac{1}{np}$$

Exemplos em Geologia: minerais raros em rochas expressos em número de grãos em subamostras de um tamanho estabelecido; número de partículas alfa emitidas por unidade de tempo em sedimentos radioativos; tamanho de invertebrados fósseis numa biocenose etc.

### 3.4.3 Distribuição normal

A mais importante distribuição contínua de probabilidade se deve a De Moivre (1667-1754), mas é mais usualmente associada à de Gauss (1777-1855) e à de Laplace (1749-1827). É também conhecida como distribuição gaussiana, sendo atribuída a Pearson (1857-1936) a cunhagem do termo normal.

É definida pela equação:

$$y = \frac{1}{\sigma\sqrt{2\pi}} e^{-(1/2\sigma^2)(x-\mu)^2} \text{ , para a variável } X_i, \text{ onde } -\infty < X < +\infty$$

$$y = \frac{1}{\sqrt{2\pi}} e^{-(z^2/2)} \text{, para a variável transformada } z_i = \frac{x_i - \mu}{\sigma}, \text{ onde } -\infty < Z < \infty$$

Para $N(\mu, \sigma^2 \mid x)$:

$$P(\mu - \sigma < x < \mu + \sigma) = 0{,}6827$$

$$P(\mu - 2\sigma < x < \mu + 2\sigma) = 0{,}9145$$

$$P(\mu - 3\sigma < x < \mu + 3\sigma) = 0{,}9937$$

momentos da distribuição, sendo $\mu_n$ o momento central de grau n

$$\mu_n = 0, \text{ para n ímpar,}$$

$$\mu_n = \frac{n!\sigma^n}{2^{n/2}(\frac{n}{2}!)}, \text{ para n par}$$

$$\mu_1 = 0, \qquad \mu_2 = \sigma^2, \qquad \mu_3 = 0, \qquad \mu_4 = 3\sigma^4$$

Para $x = N(\mu,\sigma^2)$, $\mu$ = média = moda = mediana = média geométrica

Exemplos em Geologia: cotas topográficas; grau de esfericidade e arredondamento de seixos para determinado tamanho; nível hidrostático em um piezômetro ao longo do tempo; densidade de drenagem; dimensões em invertebrados fósseis; porosidade de arenito; valores médios baseados em n observações que provenham de densidades normais ou não normais etc.

### 3.4.4 Distribuição lognormal

$$y = \frac{1}{\sigma\sqrt{2\pi}} e^{-(1/2\sigma^2)(\log x - \mu)^2},$$

onde $0 < x < +$ : e os logaritmos são na base e.

Se for adotada uma transformação, tal que $L = \log_b x$, b a base do logaritmo, a nova variável L tem distribuição normal, sendo a média designada por $\mu_L$ e a variância por $\sigma_L^2$. Se $\mu_x$ e $\sigma_X^2$ forem a média e a variância da densidade expressa pela fórmula acima, as relações entre os dois conjuntos de parâmetros são dados por

$$\mu_x = e^{a\mu_L + 1/2a^2\sigma_L^2}$$

$$\sigma_x^2 = e^{a\mu_L + a^2\sigma_L^2}(e^{a^2\sigma_L^2} - 1)$$

onde $a = \log_b e$

Exemplos em Geologia: distribuição granulométrica por peso ou número de alguns sedimentos; espessuras de camadas sedimentares; permeabilidade de rochas sedimentares; áreas de depósitos tipo placer; concentração de elementos traços em rochas; teores de minérios etc.

### 3.4.5 Distribuição circular normal

É a distribuição equivalente à normal para populações de dados direcionais e com grande importância em dados geológicos vetoriais.

$$C(x;\theta;\gamma) = Ke^{\theta\cos(x-\gamma)}, \text{ onde } \gamma \; \pi \; _i\ddot{U}_x \; _i\ddot{U}_\gamma + \pi$$

k é chamado de parâmetro de concentração e equivale ao desvio padrão, sendo função de θ do seguinte modo:

$$\int_{\gamma-\pi}^{\gamma+\pi} C(x;\theta\gamma)\, dx = 1$$

Tabelas para o cálculo das probabilidades $P(-C_{\alpha/2} < x < C_{\alpha/2}) = 1 - \alpha$ para diversos valores de θ e γ são encontrados em Gumbel et al. (1953, Tabela 4).

Exemplos em Geologia: orientação de diaclases em rochas; orientação de eixos de partículas em sedimentos; direção de mergulhos em estratificação cruzada etc.

## 3.5 Verificação da presença de distribuição normal em um conjunto de dados

A maioria dos procedimentos e testes estatísticos é fundamentada em duas suposições básicas em relação às amostras: a) que tenham sido escolhidas ao acaso e b) que provenham de uma população com densidade normal de distribuição (Figura 3.1).

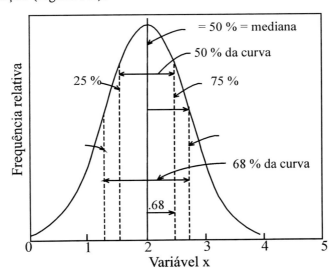

FIGURA 3.1 – Distribuição normal de frequências.

A fim de assegurar-se quanto ao primeiro item, é necessário estabelecer com o devido cuidado o plano geral e o objetivo da investigação, entendendo perfeitamente o que seja a população visada e a população amostrada, para que, escolhido o esquema de amostragem, amostras representativas sejam coletadas.

Para o segundo caso, são recomendados métodos para a verificação da presença de distribuição normal nos dados sob análise. Dentre os diversos métodos existentes podem ser citados: utilização do papel de probabilidade normal; cálculo dos momentos; aplicação do teste W; aplicação do teste de aderência do $\chi^2$; aplicação do teste de Kolmogorov-Smirnov.

Não sendo satisfeita a condição de normalidade, devem ser tentadas transformações das variáveis, especialmente do tipo y = logx. Caso persista tal situação, testes não paramétricos disponíveis devem ser utilizados. É necessário lembrar que, após qualquer transformação, será preciso realizar, posteriormente, uma transformação inversa, trazendo os resultados para a distribuição original.

## 3.5.1 Papel de probabilidade normal

O papel de probabilidade normal é um tipo especial de papel gráfico, construído de modo que na ordenada se acham divisões em escala aritmética e na abscissa valores, em frequência acumulada, correspondentes à função de distribuição de uma curva normal. O papel de probabilidade lognormal difere apenas no fato de que a escala na ordenada é logarítmica. Isso significa que uma sequência de dados que obedeça a uma distribuição normal apresentar-se-á nesse papel como uma reta; valores obedecendo a uma distribuição lognormal, agrupados em frequência acumulada, determinam uma reta no papel lognormal de probabilidades. Já uma distribuição bimodal, ou polimodal, apresentará dois ou mais segmentos de reta.

Graças a essas características, esse papel pode ser usado para indicar quanto uma amostra se aproxima de uma distribuição normal, ou não, bastando para tanto apenas comparar a curva resultante com uma reta desenhada o mais próximo possível pelos mesmos pontos. Também os percentis da distribuição podem ser lidos diretamente a partir da curva encontrada, fornecendo de maneira rápida os valores centrais e de variação da amostra; o percentil 50 corresponde à mediana, que é igual à média se a distribuição for normal: a relação: (percentil 75 − percentil 25)/2, corresponde ao desvio padrão (Figura 3.2).

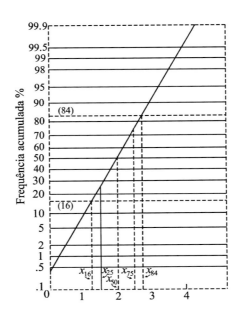

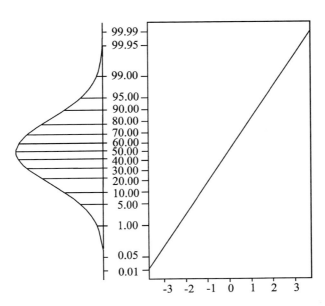

FIGURA 3.2 − Gráficos mostrando distribuição de probabilidades normais acumuladas.

### 3.5.2 Método dos momentos

Depois de obtidos os momentos de ordem 3 e de ordem 4, estes são utilizados para o cálculo da assimetria e da curtose, seja pelo método de Pearson, seja pelo de Fischer. Em ambos os casos esses dois valores são comparados com valores críticos tabelados e verificada a validade da "hipótese nula", $H_0$, que estabelece a presença da função de distribuição normal, a um determinado nível de significância.

Para o método de Fischer:

$$H_0: x \text{ é } N(\mu, \sigma^2)$$

$$H_0: x \text{ é } N (\mu, \sigma^2);$$

Após calcular $g_1$ e $g_2$:

$$t_1 = g_1 \frac{\sqrt{n}}{6} \text{ e } t_2 = g_2 \frac{\sqrt{n}}{24};$$

Se $H_0$ for verdadeira, então

$$P[t_{1-\alpha/2} < t_1 \text{ ou } t_2 < t_{\alpha/2}] = 1 - \alpha, \text{ onde}$$

$$t_{\alpha/2} = -t_{1-\alpha/2} \text{ com } (n - 1) \text{ g.l.}$$

Para amostras em que $n < 500$, existe uma modificação desse teste (Bennett & Franklin, 1954, p.96). Tabelas em que $n = 10 - 125$, valores críticos de $b_1$, $b_2$, $g_1$ e $g_2$ são encontrados em Jones (1969). Gráficos com valores críticos de $b_1$ e $b_2$ são encontrados em Preston (1970).

### 3.5.3 Aplicação do teste W

O teste W é usado na verificação de presença de distribuições normais e lognormais, e encontra-se descrito em Shapiro & Wilk (1965), com as respectivas tabelas, como procedimento efetivo para se estimar a validade de normalidade diante de uma larga gama de alternativas de não normalidade, mesmo que se tenha um número relativamente pequeno de observações, $n < 20$.

Os procedimentos para a utilização do teste W em uma amostragem casual, de tamanho n, sendo os valores observados $x_1, x_2, ..., x_n$, são os seguintes:

a) arranjam-se as observações em ordem crescente de valor: $y_1 \leq y_2$, $y \leq ... y_n$;

b) computa-se

$$S^2 = \sum_1^n (y_i - \overline{y})^2 = \sum_1^n (x_i - \overline{x})^2,$$

c) sendo n um valor par, n = 2k, calcula-se

$$b = \sum_{i=1}^k a_{n-i+1}(y_{n-i+1} - y_i),$$

d) sendo n um valor ímpar, n = 2k + 1, calcula-se

$$b = a_n(y_n - y_1) + ... + a_{k+2}(y_{k+2} - y_k),$$

e) computa-se o teste estatístico W:

$$W = \frac{b^2}{S^2}$$

f) finalmente, compara-se o valor calculado de W com os percentis de distribuição tabelados, referentes a esse teste estatístico. Essa tabela fornece os valores mínimos de W que seriam obtidos com 1%, 2%, 10%, 50%, 90%, 95%, 98%, 99% de probabilidade, em função de m, se os dados proviessem realmente de uma distribuição normal. Valores pequenos de W indicarão não normalidade. A probabilidade de 0,10 ou 0,05 menor é frequentemente considerada pequena. A escolha do nível, porém, dependerá da preferência do usuário e das consequências de se rejeitar o modelo. Se, por exemplo, o valor de W obtido for menor que o valor tabulado para 0,05, isto significará que há menos que uma chance em 20 para que a amostra em questão apresente uma distribuição normal.

No caso da estimativa de validade de modelos de distribuições lognormais, o teste é aplicado a logaritmos comuns ou naturais das observações. Exemplo da aplicação deste método encontra-se em Caetano & Landim (1975).

### 3.5.4 Aplicação do teste de aderência do $\chi^2$

A distribuição do $\chi^2$ torna-se bastante importante quando se quer verificar o ajustamento de uma distribuição de frequências de uma amostra a uma distribuição teórica, como no caso presente, a normal. A estatística $\chi^2$ é definida como

$$\chi^2 = \frac{(O - E)}{E} \, ,$$

sendo O = valores observados na i-ésima classe;
E = valores esperados na i-ésima classe; com $(m - k - 1)$ g.l
m = número de classes
k = número de parâmetros estimados = 2 ($\mu$ e $\sigma$).]

Inicialmente os n dados são transformados para valores $z_i$ e distribuídos por classes. A teoria mostra que quando existem classes com frequência menor que cinco, os resultados revelam-se tendenciosos e o poder do teste reduzido. Essa distribuição por classes dos valores transformados constituirá os valores obtidos, isto é, O representa as frequências dos valores $z_i$ distribuídos por classes.

Como a hipótese sob teste é que os dados obedecem a uma distribuição normal, os valores esperados são calculados usando as probabilidades de ocorrência dos n valores distribuídos segundo uma curva normal padronizada, ou seja, E = n x (probabilidade de o valor $z_i$ ocorrer nas classes combinadas).

Obtido o valor $\chi^2$, este é comparado com valores críticos de uma tabela de $\chi^2$, a um determinado nível de significância e $(m - k - 1)$ g.l.

Se o valor calculado for menor que o tabelado, será aceita a hipótese de que os dados obedecem a uma distribuição normal.

### 3.5.5 Teste de Kolmogorov-Smirnov para curvas de frequências acumuladas

Este teste é empregado na comparação de duas distribuições de dados organizadas em frequências acumuladas, podendo ser utilizado tanto quando se quer verificar a presença de distribuição normal nos dados em estudo, como quando se deseja simplesmente comparar duas curvas de frequências acumuladas independentemente do tipo de distribuição teórica que os dados obedeçam.

A hipótese sob teste é que não existe diferença significativa entre as duas curvas de frequências acumuladas em comparação. Podem ser usados os testes unicaudal, quando a hipótese alternativa é que a primeira curva representa uma população com maior (ou menor, conforme o caso) valor central que a segunda curva; e o teste bicaudal, quando a hipótese alternativa apenas estabelece que as duas curvas representam populações diferentes.

Construídas as duas curvas de frequências acumuladas, sendo uma a dos dados em estudo e a outra correspondente a valores normalmente distribuídos, procura-se pela maior diferença entre frequência para os diversos intervalos de classe.

$$D = \text{máximo } [f_1(x_i) - f_2(x_i)]$$

D   = maior diferença procurada
$f_1$  = distribuição de frequências da primeira curva
$f_2$  = distribuição de frequências da segunda curva
$x_i$  = classe para a qual D é o máximo

Para amostras pequenas, onde $n_1 = n_2 \leq 40$, existem tabelas com valores críticos de D, como em Siegel (1956, Tabela 1).

Para amostras grandes, onde $n_1$ e $n_2 \geq 40$, não sendo necessário que $n_1 = n_2$, para o teste unicaudal, usa-se

$$\chi^2 = 4D^2 \frac{n_1 n_2}{n_1 + n_2}\text{, que obedece a uma distribuição de } \chi^2 \text{ com 2 g.l.}$$

Para o teste bicaudal

$$D > 1,36 \left[\frac{n_1 + n_2}{n_1 n_2}\right]^{\frac{1}{2}}\text{, rejeita a hipótese a um nível de 5\%.}$$

$$D > 1,63 \frac{n_1 + n_2}{n_1 n_2}\text{, rejeita a hipótese a um nível de 1\%.}$$

Valores críticos para amostras nestas situações são apresentados em gráficos em Til (1974, p.130-1).

## 3.5.6 Distribuição lognormal

Em muitas circunstâncias como, por exemplo, em depósitos minerais de baixo teor, a distribuição dos valores não se apresenta segundo uma distribuição normal, mas sim de maneira assimétrica. Tal distribuição é conhecida como lognormal e pode ser apresentada por dois ou por três parâmetros. Se $x_i$ for uma variável com distribuição assimétrica e se $\ln(x_i)$ for uma distribuição normal, diz-se que $x_i$ é uma variável lognormal, com dois parâmetros; se porém $\ln(x_i+C)$ for uma variável normal, onde C é uma constante, diz-se que $x_i$ é uma variável lognormal com três parâmetros.

A frequência acumulada de uma variável lognormal com dois parâmetros apresenta-se como uma linha reta num papel de probabilidade logarítmica. O mesmo não acontece no caso de variável com distribuição lognormal a três parâmetros, sendo necessário então determinar o valor C. Para a estimativa de C, a partir de uma frequência acumulada, utiliza-se a seguinte equação:

$$C = \frac{m^2 - p_1 p_2}{p_1 + p_2 - 2m}$$

onde m é o valor correspondente ao percentil 50, ou seja, a mediana; $p_1$ corresponde a um percentil situado geralmente entre 5% e 20% e $p_2 = 100\% - p_1$.

A equação de uma função de distribuição lognormal é:

$$f(xi) = \frac{e^{-\frac{1}{2}(\frac{\ln x_i - \mu_n}{\sigma_n})^2}}{x_i \sigma_n \sqrt{2\pi}}$$

onde $\mu_n$ = valor médio dos logaritmos naturais dos $x_i$'s e $\sigma_n$ o desvio padrão desses $\ln(x_i)$'s.

Sendo $y_i = \ln(x_i + C)$, a média é igual a:

$$\bar{y} = \Sigma y_i / n,$$

e a média geométrica, igual à mediana da distribuição, é:

$$\hat{m} = \exp(\bar{y})$$

A estimativa da variância é calculada segundo

$$V(y) = \frac{1}{n}[\Sigma y_i^2 - (\bar{y})^2]$$

Finalmente, para a estimativa do valor médio ($\mu$) de uma população, em que a variável é do tipo lognormal com três parâmetros, usa-se a fórmula:

$$\mu = me^{\sigma_n^2} - C,$$

como m é a mediana e $\sigma_n^2$ a variância dos valores em ln.

Para o estabelecimento de intervalos de confiança em torno de $(\mu+C)$, quando se dispõem de estimativas amostrais de m e de $\sigma_n^2$, foram desenvolvidas tabelas por Sichel (1966), posteriormente ampliadas por Wainstein (1975). Nesse caso $\mu$ é estimado por $\hat{\mu} = \hat{m}\gamma_n(V) - C$, onde $\gamma_n$ é lido nas citadas tabelas em função de n e de $V(y)$.

## 3.6 Exemplo

Os dados para este exemplo provêm de uma jazida de carvão, localizada em Sapopema-PR, na qual foram obtidos valores para as variáveis espessura da camada de carvão, teor de cinzas, teor de enxofre e rendimento para obtenção de um produto lavrado com 20% de cinzas (Tabela 3.4). Como descrito por Cava (1985) e Landim et al. (1988), esse depósito situa-se a cerca de 20 km a noroeste de Figueira, no nordeste do Estado do Paraná, em sedimentos da parte superior do Membro Triunfo da Formação Rio Bonito.

Os histogramas referentes às quatro variáveis encontram-se na Figura 3.3.

Tabela 3.4 – Valores para as variáveis espessura, teor de cinzas, enxofre e rendimento a 20% de cinzas da jazida de carvão em Sapopema-PR

| Pontos | X | Y | Espessura | Cinzas | Enxofre | Rendimento a 20% |
|---|---|---|---|---|---|---|
| 13 | 1,00 | 5,00 | 0,80 | 38,60 | 15,20 | 0,81 |
| 10 | 2,00 | 5,00 | 0,72 | 22,60 | 6,10 | 0,83 |
| 14 | 4,00 | 5,00 | 0,69 | 39,00 | 7,90 | 0,67 |
| 54 | 3,00 | 4,50 | 0,80 | 37,10 | 10,10 | 0,99 |
| 42 | 4,50 | 4,50 | 0,73 | 40,80 | 4,90 | 0,81 |
| 55 | 0,50 | 4,00 | 1,19 | 34,10 | 7,21 | 1,32 |
| 43 | 1,50 | 4,00 | 0,94 | 25,00 | 5,79 | 1,32 |
| 40 | 2,50 | 4,00 | 0,96 | 29,30 | 7,92 | 1,12 |
| 41 | 3,50 | 4,00 | 1,05 | 33,00 | 7,03 | 1,19 |
| 26 | 5,00 | 4,00 | 1,32 | 29,70 | 7,32 | 1,37 |
| 16 | 1,00 | 3,50 | 1,02 | 33,70 | 8,10 | 0,91 |
| 20 | 2,00 | 3,50 | 1,20 | 26,13 | 7,40 | 1,64 |
| 25 | 3,00 | 3,50 | 1,10 | 25,41 | 8,60 | 1,49 |
| 11 | 4,00 | 3,50 | 1,18 | 22,80 | 6,00 | 1,40 |
| 34 | 6,00 | 3,50 | 1,30 | 19,10 | 8,10 | 2,13 |
| 47 | 1,50 | 3,00 | 1,55 | 35,10 | 7,93 | 1,75 |
| 45 | 2,50 | 3,00 | 1,57 | 16,90 | 6,31 | 1,90 |
| 44 | 3,50 | 3,00 | 1,30 | 20,50 | 6,27 | 1,89 |

Continuação

| Pontos | X | Y | Espessura | Cinzas | Enxofre | Rendimento a 20% |
|---|---|---|---|---|---|---|
| 49 | 0,50 | 2,50 | 1,18 | 39,10 | 5,74 | 1,32 |
| 2 | 1,50 | 2,50 | 1,40 | 38,60 | 8,68 | 1,43 |
| 1 | 2,00 | 2,50 | 1,30 | 27,50 | 7,75 | 1,55 |
| 3 | 2,50 | 2,50 | 1,50 | 25,40 | 6,87 | 2,03 |
| 12 | 4,00 | 2,50 | 1,40 | 24,30 | 6,90 | 1,59 |
| 5 | 1,50 | 2,00 | 1,85 | 57,40 | 5,60 | 1,15 |
| 4 | 2,50 | 2,00 | 1,20 | 22,00 | 7,46 | 1,77 |
| 8 | 3,00 | 2,00 | 1,23 | 27,00 | 5,99 | 1,57 |
| 39 | 4,00 | 2,00 | 1,30 | 32,10 | 8,07 | 1,46 |
| 46 | 0,50 | 1,50 | 1,62 | 36,80 | 5,24 | 1,77 |
| 37 | 1,50 | 1,50 | 2,09 | 19,50 | 5,34 | 1,21 |
| 6 | 2,00 | 1,50 | 1,60 | 47,80 | 5,93 | 1,44 |
| 7 | 2,50 | 1,50 | 1,40 | 43,10 | 5,60 | 1,18 |
| 50 | 3,00 | 1,50 | 1,41 | 36,60 | 8,17 | 1,48 |
| 38 | 3,50 | 1,50 | 1,38 | 39,60 | 5,12 | 1,30 |
| 57 | 4,00 | 1,50 | 1,04 | 31,10 | 6,39 | 1,28 |
| 48 | 2,00 | 1,00 | 1,31 | 64,80 | 5,71 | 1,09 |
| 21 | 3,50 | 1,00 | 1,28 | 43,24 | 5,40 | 1,33 |
| 24 | 2,50 | 0,50 | 0,55 | 27,20 | 9,01 | 0,82 |

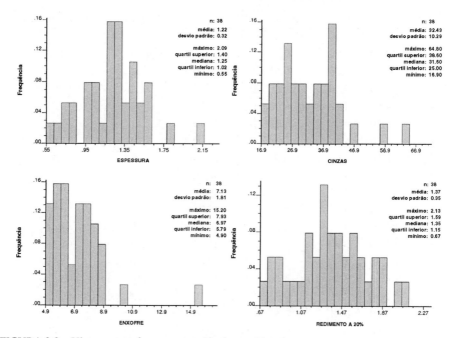

FIGURA 3.3 – Histogramas das quatro variáveis consideradas.

Os histogramas indicam, visualmente, que as variáveis *espessura* e *rendimento a 20%* apresentam distribuição normal, o mesmo não acontecendo com *cinzas* e *enxofre*. Para verificar esta situação recorre-se às estatísticas, pelo método dos momentos, cujo resultado é o seguinte:

| | Média | Desvio padrão | Assimetria | Curtose |
|---|---|---|---|---|
| Espessura | 1,22 | 0,32 | 0,18 | 3,29 |
| Cinzas | 32,43 | 10,43 | 0,98 | 4,20 |
| Enxofre | 7,13 | 1,84 | 2,26 | 10,82 |
| Rendimento 20% | 1,37 | 0,36 | 0,04 | 2,48 |

Pela tabela para pequenas amostras, desenvolvida por Jones (1969), com $n = 38$ e nível de significância $\alpha = 0.05$, uma distribuição normal deve apresentar para assimetria valores entre –0,734 e 0,734, e para curtose valores entre 1,98 à 4,49. Desse modo, comprova-se o indicado pelos histogramas.

Para as duas variáveis, cinzas e enxofre, efetua-se uma transformação, com logaritmos naturais. O resultado passa a ser então:

| | Média | Desvio padrão | Assimetria | Curtose |
|---|---|---|---|---|
| Cinzas | 3,43 | 0,31 | 0,16 | 2,62 |
| Enxofre | 1,94 | 0,22 | 1,03 | 5,14 |

A transformação para o caso de *cinzas* foi suficiente para a normalização dos dados, sendo essa variável considerada lognormal com dois parâmetros $(C = 0)$. Quanto à variável *enxofre*, deve-se considerar a hipótese de ser uma variável lognormal com três parâmetros, ou seja, $\ln(xi + C)$, sendo necessário a determinação da constante C. Segundo Rendu (1981), isso pode ser conseguido se, preliminarmente, for construída uma distribuição de frequências acumuladas e a partir desse gráfico usar a seguinte fórmula:

$$C = (m^2 - f_1 f_2)/(f_1 + f_2 - 2m),$$

onde m é o valor, lido numa curva acumulativa, correspondente a 50%, ou seja, à mediana e $f_1$ e $f_2$ são valores correspondentes às frequências acumuladas p e 1 – p. Geralmente adota-se p entre os valores 5% e 20%.

A prova dessa equação é que se $\ln(x_i + C)$ for normalmente distribuída, a simetria da distribuição normal em torno da média fornecerá:

$$\ln(f_1 + C) + \ln(f_2 + C) = 2\ln(m + C),\text{ que pode ser escrito como}$$

$$(m + C)^2 = (f_1 + C)(f_2 + C),\text{ ou}$$

$$C = (m^2 - f_1 f_2)/(f_1 + f_2 - 2m)$$

As médias obtidas a partir das 38 observações ($n$) são utilizadas para a determinação dos valores médios da jazida toda, utilizando-se para tanto a distribuição t da seguinte maneira:

$$x - t(s / \sqrt{n}) < \mu < x + t(s / \sqrt{n})$$

sendo t o valor crítico encontrado em tabelas para o teste t com $\alpha/2$ nível de significância e $n - 1$ graus de liberdade, e s o desvio padrão.

Sendo o valor t tabelado $t_{(0,10/2;37)} = 1{,}688$, o valor da espessura média da jazida é calculado segundo:

$$1{,}22 \pm 1{,}688\,(0{,}32 / \sqrt{37}) = 1{,}22 \pm 0{,}089 = 1{,}22 \pm 0{,}089$$

Há, portanto, 90% de chance de a espessura média da jazida de carvão estar entre 1,309 m e 1,131 m e 5% de chance de ela ser maior que 1,309 m e 5% de ser menor que 1,131 m. Estas considerações são válidas porque, preliminarmente, constatou-se que a distribuição da variável espessura é normal. Procedimento idêntico pode ser usado para o cálculo do valor médio da variável *rendimento a 20% de cinzas*.

Para a estimativa do teor médio em *cinzas*, que apresenta uma distribuição lognormal, o procedimento deve ser outro. Apenas a título de comparação, calculou-se inicialmente a média populacional utilizando o valor médio obtido na tabela t:

$$32{,}43 \pm 1{,}688\,(10{,}43 / \sqrt{37}) = 32{,}43 \pm 2{,}894$$

Isso significa que se a variável cinza apresentasse uma distribuição normal haveria 90% de chance de o teor médio da jazida estar situado entre 29,536 e 35,324. Como, porém, a distribuição é lognormal a dois parâmetros ($C = O$), procede-se da seguinte maneira, em que preliminarmente são encontrados os logaritmos dessa variável:

Tabela 3.5 – Logaritmos da variável cinza

| I | $X_i$ | $Y_i = \log_e x_i$ | $Y_i^2$ |
|---|---|---|---|
| 1 | 38,600 | 3,653 | 13,346 |
| 2 | 22,600 | 3,118 | 9,722 |
| 3 | 39,000 | 3,664 | 13,422 |
| 4 | 37,100 | 3,614 | 13,058 |
| 5 | 40,800 | 3,709 | 13,754 |
| 6 | 32,100 | 3,529 | 12,456 |
| 7 | 25,000 | 3,219 | 10,361 |
| 8 | 29,300 | 3,378 | 11,408 |
| 9 | 33,000 | 3,497 | 12,226 |
| 10 | 29,700 | 3,391 | 11,500 |
| 11 | 33,700 | 3,517 | 12,373 |
| 12 | 26,130 | 3,263 | 10,648 |
| 13 | 25,410 | 3,235 | 10,466 |
| 14 | 22,800 | 3,127 | 9,777 |
| 15 | 19,100 | 2,950 | 8,701 |
| 16 | 35,100 | 3,558 | 12,661 |
| 17 | 16,900 | 2,827 | 9,994 |
| 18 | 20,500 | 3,020 | 9,123 |
| 19 | 20,400 | 3,016 | 9,093 |
| 20 | 39,100 | 3,666 | 13,440 |
| 21 | 38,600 | 3,653 | 13,346 |
| 22 | 27,500 | 3,314 | 10,984 |
| 23 | 25,400 | 3,235 | 10,464 |
| 24 | 24,300 | 3,190 | 10,179 |
| 25 | 57,400 | 4,050 | 16,403 |
| 26 | 22,000 | 3,091 | 9,555 |
| 27 | 27,000 | 3,296 | 10,863 |
| 28 | 32,100 | 3,469 | 12,033 |
| 29 | 36,800 | 3,605 | 13,000 |
| 30 | 19,500 | 2,970 | 8,823 |
| 31 | 47,800 | 3,867 | 14,954 |
| 32 | 43,100 | 3,764 | 14,164 |
| 33 | 36,600 | 3,600 | 12,960 |
| 34 | 39,600 | 3,679 | 13,534 |
| 35 | 31,100 | 3,437 | 11,814 |
| 36 | 64,800 | 4,171 | 17,400 |
| 37 | 43,240 | 3,767 | 14,189 |
| 38 | 27,200 | 3,303 | 10,911 |

$n = 38$

$\Sigma y_i = 130,413 \ \Sigma y_i^2 = 451,103$

$\hat{y} = 130.413 / 38 = 3.432$

$\bar{m} = exo(\bar{y}) = 2,719^{3,432} = 30,967$

$V(y) = 451,103 / 38 - 3,432^2 = 0,093$

Para determinar $\gamma_n$ recorre-se à tabela desenvolvida por Sichel (1966). Nela, para $n = 38$ e $V(y) = 0,08$, $\gamma_n$ apresenta o valor 1,041 e para $V(y) = 0,10$, o valor é 1,051. Desse modo, por interpolação, para $V(y) = 0,094$, $\gamma_n$ é igual a 1,046 = 30,967*1,046 = 32,391, que é a estimativa do valor médio do teor em cinzas da jazida de carvão.

Para a obtenção dos valores dos intervalos de confiança para essa média é necessário encontrar fatores multiplicadores ($\psi$) nas tabelas desenvolvidas por Sichel (1966) e por Wainsten (1975, p.228-38). Nessas tabelas, para $n = 38$ os valores de $\psi(0,95)$ e de $\psi(0,05)$ são:

| $\psi(0,95) =$ | | 20 | 50 |
|---|---|---|---|
| | 0,08 | 1,146 | 1,080 |
| | 0,10 | 1,166 | 1,091 |

| $\psi(0,05) =$ | | 20 | 50 |
|---|---|---|---|
| | 0,08 | 0,9077 | 0,9398 |
| | 0,10 | 0,8972 | 0,9328 |

Por interpolação encontram-se os valores para $\psi(0,95) = 1.114$ e para $\psi(0,05) = 0,9228$.

Assim os limites de confiança superior e inferior para a média estimada, para um intervalo de 90%, são:

superior: 1,114*32,391 = 36,084

inferior: 0,9228*32,391 = 29,890.

Esse resultado, como esperado, é diferente daquele em que se considerou a distribuição da variável como normal.

# 4 Estimativas e testes de hipóteses

Em Geologia, frequentemente deve-se formular hipóteses de trabalho sobre os fatos que ocorrem na natureza ou sobre as possíveis relações existentes entre eles, com o objetivo de explicá-los. Tais hipóteses, depois de formuladas, devem ser testadas para serem aceitas ou rejeitadas. Para verificar uma hipótese por meio de metodologia estatística deve-se transformá-la em hipótese estatística, e toda hipótese inicial que é posta à prova afirma uma relação de igualdade e chama-se *hipótese nula* ($H_0$). Em contraposição, a *hipótese alternativa* estabelece uma relação de desigualdade ($H_1$). Assim, por exemplo, existindo dois arenitos com valores para permeabilidade hidráulica, $k_1$ e $k_2$, as seguintes hipóteses estatísticas podem ser estabelecidas:

a) $k_1 = k_2$; se ocorrer diferença $k_1 \neq k_2$;
b) $k_1 = k_2$; se ocorrer diferença $k_1 > k_2$ ou $k_1 < k_2$.

Seja, por exemplo, uma variável n proveniente de $X = N(\mu, \sigma^2)$, com $\mu$ desconhecida:

$$H_0 : \mu = 8$$
$$H_1 : \mu = 10$$

O domínio das duas distribuições vai de $-\infty$ à $+\infty$, e, portanto, qualquer valor da variável, sorteado ao acaso, tanto pode pertencer a uma como à outra. Para decidir sobre qual a hipótese verdadeira, deve-se estabelecer um critério em termos de probabilidade. Supondo $H_0$ verdadeira, deve-se fixar uma probabilidade pequena ($\alpha$) e em seguida determinar um valor ($X_c$) tal que $P(X \geq X_c) = \alpha$. À probabilidade $\alpha$ dá-se o nome de *nível de significân-*

*cia*, em geral da ordem de 0,05; 0,01 ou 0,001, representando 95%, 99% e 99,9% de probabilidade:

$\alpha$ = probabilidade de rejeitar $H_0$, quando verdadeira (erro I);

$\beta$ = probabilidade de aceitar $H_0$, quando falsa (erro II);

$1 - \beta$ = poder da prova de hipótese.

Deve-se ressaltar que, quanto menor $\alpha$, maior $\beta$ e menor o poder de teste. Para correr o menor risco do erro I e garantir poder do teste razoável, deve-se aumentar o tamanho da amostra.

Existem, portanto, diversos testes de hipóteses; a seguir, são apresentados alguns.

Seja uma amostra n proveniente de $X = N(\mu, \sigma^2)$, com $\mu$ desconhecido e $\sigma$ conhecido, cujo problema é pôr à prova a hipótese nula $\mu = \mu_1$:

$$H_0 : \mu = \mu_1$$

$$H_1 = \mu > \mu_1$$

A média amostral, $\bar{x}$, é calculada a partir de observações obtidas por meio de uma amostra casual de tamanho n, proveniente de $X = N(\mu, \sigma^2)$. Para calcular as probabilidades associadas à distribuição de $x_i$, segundo uma distribuição normal, transformam-se os valores em $z_i$:

$$z_i = \frac{\bar{x} - \mu}{\sigma} \text{ e, desse modo, Z tem distribuição } N(0,1).$$

Supondo $H_o$ verdadeira, fixa-se um nível de significância e determina-se um valor $z_c$ tal que $P(z \geq z_c) = \alpha$.

Dá-se o nome de valor crítico a $z_c$, o qual divide o eixo das abscissas em duas partes:

a) intervalo $-\infty$ até $|z_c|$ (região de aceitação de $H_o$) e

b) intervalo $z_c |$ até $+\infty$ (região de rejeição de $H_o$). O valor de $z_c$ é achado na tabela de distribuição normal de frequência segundo $\alpha$.

Para o teste $\mu = \mu_1$, calcula-se

$$z_0 = \frac{\bar{x} - \mu_1}{\sigma}$$

$z_\emptyset$ = valor observado

$\mu_1$ = valor de $\mu$ segundo a hipótese em questão.

Se $z_0$ se localizar na região de aceitação, $H_0$ não é rejeitada. Se $z_0$ estiver na região de rejeição, $H_0$ é rejeitada e em consequência $H_1$ é aceita.

Esta é uma prova unicaudal, pois em contraposição à hipótese $\mu = \mu_1$ a hipótese alternativa é $\mu > \mu_1$, como poderia ser $\mu < \mu_1$. Quando a hipótese alternativa é $\mu \neq \mu_1$, o teste chama-se bicaudal. Neste caso, fixado o nível de significância, dois valores críticos de Z dividem o eixo das abcissas em três partes:

a) trecho $-\infty$ até $|z_c$ (região de rejeição);

b) trecho $-z_c$ até $+z_c$ (região de aceitação);

c) trecho $z_c |$ até $+\infty$ (região de rejeição).

Note-se que para a prova bicaudal $\alpha$ é igualmente distribuído entre as duas caudas, isto é, $\alpha/2$ na cauda direita e $\alpha/2$ na cauda esquerda. Isto significa que para um mesmo n e um mesmo $\alpha$, a prova unicaudal é mais precisa que a bicaudal, a qual só deve ser usada quando não há informação sobre o sentido da diferença.

Três distribuições teóricas de frequência são de especial importância em testes de hipótese, todas elas derivadas da função de distribuição normal: *distribuição t, distribuição F* e *distribuição* $\chi^2$ (*qui-quadrado*). As duas primeiras são extremamente úteis em testes estatísticos de hipóteses e para colocação de intervalos de confiança em torno de parâmetros populacionais. O *qui-quadrado* tem extensa aplicação na seleção de modelos de densidade populacional.


## 4.1 Teste t

O *teste t*, estabelecido por Gossett, cujo pseudônimo era Student, é usado para predizer valores de $\mu$ quando se quer estimar a variância da população. A distribuição é definida por

$$t(X;\ n) = \frac{\left[\dfrac{n-1}{2}\right]!}{\sqrt{n\pi}\left[\dfrac{n-2}{2}\right]!}\left[1 + \frac{X^2}{n}\right]^{-\frac{n+1}{2}}, \quad -\infty < X < +\infty$$

para n graus de liberdade.

Para encontrar $t\alpha$ tal que $P(-\infty < x < t_\alpha) = 1-\alpha$ para determinados valores de $1 - \alpha$ utilizam-se tabelas específicas, como por exemplo as encontradas em Fisher & Yates (1948).

O teste t é unicaudal quando a hipótese alternativa indica uma direção e bicaudal quando ela não indica uma direção.

### 4.1.1 Teste de hipótese para $\bar{x}$, com $\mu$ desconhecida e variância estimada

$$t = \frac{(\bar{x} - \mu)\sqrt{n}}{\sigma^*}, \text{ com } n - 1 \text{ graus de liberdade.}$$

Os seguintes exemplos, retirados de Griffiths (1967), ilustram a aplicação deste teste:

a) Tendo sido medidos, em mm, o eixo maior de 9 grãos de quartzo em uma lâmina de arenito, deseja-se testar a hipótese nula de que essa amostra provém de um corpo arenoso (população) cuja média $(\mu) = 0,5$ mm

$$t = \frac{(\bar{x} - \mu)\sqrt{n}}{s}$$

$\bar{x} = 1,5$ mm; $s = 0,3$; $n = 9$

graus de liberdade $(v) = n - 1 = 8$

$$H_0 : \mu = 0$$
$$H_1 = \mu \neq 0$$

$$t = \frac{(1,5 - 0,5)\sqrt{9}}{0,3} = 10$$

$t_{(0,05;8)} = 2,306$

O valor $t = 10$ encontrado tem uma chance de ocorrer em menos de 5% dos casos, indicando que a hipótese de que a média populacional seja igual a 0 (zero) deve ser rejeitada.

Se, porém, o desvio padrão apresentar o valor 3, o novo t calculado passa a ser:

$$t = \frac{(1,5 - 0,5)\sqrt{9}}{3} = 1,0$$

Neste caso, a hipótese nula pode ser aceita, e o contraste entre os dois resultados obtidos mostra a influência da variabilidade sobre os testes de hipóteses. Tendo em mente que numa distribuição normal 95% das medidas estão incluídas dentro dos limites de $\mu \pm 1{,}96\sigma$, os seguintes limites de confiança em torno da média podem ser encontrados $\bar{x} + 1{,}96\sigma > \mu > \bar{x} - 1{,}96\sigma$.

Substituindo nessa relação $1{,}96\sigma$ por $t\sigma \cdot \bar{x}$, sendo t encontrado na tabela de Student para $n - 1$ g.l., $\alpha = 0.05$ e $\sigma^*$, o erro padrão da média $(s / \sqrt{n})$, obtêm-se

$$\bar{x} + t\sigma^* > \mu > \bar{x} - t\sigma^*$$

$$t_{(0,05;8)} = 2{,}31; \quad \sigma^* = 0{,}3 / \sqrt{9} = 0{,}1$$

$$1{,}5 + 2{,}31(0{,}1) > \mu > 1{,}5 - 2{,}31(0{,}1)$$

$$1{,}731 > \mu > 1{,}269$$

Para a situação em que o desvio padrão é igual a 3,

$$1{,}5 + 2{,}31(1{,}0) > \mu > 1{,}5 - 2{,}31(1{,}0)$$
$$3{,}81 > \mu > -0{,}81$$

O resultado obtido é matematicamente correto, porém em termos físicos impossível, pois não existe granulometria com valor menor que 0 mm. De qualquer modo o que deve ser ressaltado nesse exemplo é, novamente, a influência da variabilidade no estabelecimento dos limites de confiança.

b) A fim de testar a ocorrência de estratificação gradacional num certo corpo de arenito, amostras foram coletadas na base e no topo de 7 estratos desse arenito (Bokman, 1953). Aplicando-se o teste t é possível verificar se as diferenças encontradas entre o tamanho médio das partículas da base e do topo são significativas ou não.

$H_0$: as diferenças entre topo e base são amostras aleatórias de uma população normal com média igual a 0, ou seja, não ocorre gradação.

$H_1$: ocorre estratificação gradacional.

$$\bar{x} = \frac{\Sigma x}{n} = \frac{1{,}37}{7} = 0{,}1914, \quad \text{com} \quad \mu = 0, \quad \text{e} \quad \sqrt{n} = 2{,}646$$

$$s = \frac{\Sigma x^2 - \dfrac{(\Sigma x)^2}{n}}{n - 1} = 0{,}1826$$

$$t = \frac{(\overline{x} - \mu)\sqrt{n}}{s} = 2{,}773 \text{ , com } \text{g.l.} = n - 1 = 6$$

Tabela 4.1 – Diâmetros médios da base e do topo de arenitos

| Estratos | base | Topo | d = t-b | b² | t² | d² |
|---|---|---|---|---|---|---|
| | | | Diâmetro médio (Ø) | | | |
| 1 | 2,81 | 3,13 | 0,32 | 7,89 | 9,79 | 0,10 |
| 2 | 3,95 | 4,13 | 0,18 | 15,60 | 17,05 | 0,032 |
| 3 | 3,75 | 3,88 | 0,13 | 13,06 | 15,05 | 0,016 |
| 4 | 2,68 | 2,91 | 0,23 | 7,18 | 8,47 | 0,053 |
| 5 | 3,25 | 3,65 | 0,36 | 10,56 | 13,03 | 0,130 |
| 6 | 3,90 | 4,20 | 0,30 | 15,21 | 17,64 | 0,090 |
| 7 | 3,30 | 3,12 | -0,18 | 10,89 | 9,73 | 0,032 |
| **Soma** | 23,64 | 24,98 | 1,34 | 81,4060 | 90,7828 | 0,4566 |

Sendo $t_{(0,05;6)} = 2{,}447$, o valor encontrado para $t = 2{,}773$ é significante em nível de 5%, pois esse valor tem chance de ocorrer em menos de cinco casos em cem. Assim sendo, $H_0$ é rejeitada, isto é, as diferenças encontradas entre as granulometrias do topo e da base dos estratos são significantemente diferentes de 0 (zero), indicando a presença de estratificação gradacional.

### 4.1.2 Comparação entre duas médias

O teste t é também apropriado para avaliar a hipótese de que duas amostras casuais provêm de uma mesma distribuição normal. Deve-se considerar que as duas amostras, com tamanhos $n_1$ e $n_2$, foram sorteadas independentemente e provêm de uma população normal com média $\mu$ e variância $\sigma^2$.

$$t = \frac{\overline{x}_1 - \overline{x}_2}{\left[ S^2 (\frac{1}{n_1} + \frac{1}{n_2}) \right]^{\frac{1}{2}}}$$

$$S^2 = \frac{(n_1 - 1)s_1^2 + (n_2 - 1)s_2^2}{n_1 + n_2 - 2}$$

Para os casos em que $n_1 = n_2 = n$ usa-se

$$t = \frac{\overline{x}_1 - \overline{x}_2}{\left[ \dfrac{s_1^2 + s_2^2}{n - 1} \right]^{\frac{1}{2}}}$$

Usando os dados do exemplo anterior, em que se testava a presença de estratificação gradacional nos arenitos, modifica-se a hipótese nula para: os dois conjuntos de dados, granulometria do topo e granulometria da base, representam amostras aleatórias de uma mesma distribuição normal:

$$t = \frac{3,56 - 3,37}{\sqrt{(0,23 + 0,22)/6}}$$

$$t = 0,692, \qquad g.l. = 2(n-1) = 12$$

$$t_{(0,05;12)} = 2,179$$

O valor de t apresenta a probabilidade de ocorrer entre 50 e 60 vezes em 100. Aceita-se, portanto, $H_0$ e as duas amostras podem ser consideradas como provenientes de uma mesma população.

Esses dois testes representam respostas a duas diferentes questões, e caso a intenção seja testar a presença ou não de estratificação gradacional, a primeira aplicação do teste t é que deve ser efetuada.

### 4.1.3 Intervalos de confiança para $\mu$

Conforme observado no exemplo anterior, o intervalo de confiança $1-\alpha$ em torno do parâmetro $\mu$, utilizando o teste bicaudal "t", pode ser calculado segundo:

$$\bar{x} - t_{(\alpha/2;n-1)} \cdot s/\sqrt{n} \ \leq \ \mu \ \leq \ \bar{x} + t_{(\alpha/2;n-1)} \cdot s/\sqrt{n}$$

Se repetidas amostras casuais de tamanho n forem retiradas de uma população com densidade normal e um intervalo em torno de $\mu$ for computado, segundo a fórmula acima, pode-se estar $(1-\alpha)\%$ seguro de que tal intervalo contém o verdadeiro parâmetro $\mu$ desconhecido.

Fornecida a seguinte tabela de dados, devem ser encontrados a média da amostra e o respectivo intervalo de confiança, ao nível de 95%, para a média populacional.

Tabela 4.2 – Distribuição de frequências

| Classes | $X_i$ | $f_i$ |
|---------|-------|-------|
| 0 – 1 | 0,5 | 4 |
| 1 – 2 | 1,5 | 14 |
| 2 – 3 | 2,5 | 38 |
| 3 – 4 | 3,5 | 42 |
| 4 – 5 | 4,5 | 23 |
| 5 – 6 | 5,5 | 6 |

$$\bar{x} = \frac{1}{n} \Sigma f_i x_i = 3,16; \ s^2 = \frac{1}{n-1} \Sigma f_i (x_i - \bar{x})^2 = 1,14$$

$$t_{(0,025;126)} 1,98$$

$$3,16 - 1,98(1,14 / 11,27) \leq \mu \leq 3,16 + 1,98(1,14 / 11,27)$$

$$2,96 \leq \mu \leq 3,36$$

$$\mu = 3,16 \pm 0,20$$

## 4.2. Teste F

Utilizado quando se quer por à prova a hipótese de igualdade entre variâncias.

Propostas as hipóteses

$$H_0 : \sigma_1^2 / \sigma_2^2 = 1$$

$$H_1 : \sigma_1^2 / \sigma_2^2 > 1$$

e sendo $s_1^2$ e $s_2^2$ as estimativas de $\sigma_1^2$ e $\sigma_2^2$, respectivamente, o quociente dessas duas estimativas tem uma distribuição de probabilidade que recebe o nome de distribuição F, devido a Snedecor:

$$F(X;m,n) = \frac{\left[\dfrac{m+n-2}{2}\right]! \left[\dfrac{m}{n}\right]^{\frac{m}{2}} X^{\frac{(m-2)}{2}}}{\left[\dfrac{m-2}{2}\right]! \left[\dfrac{n-2}{2}\right]! \left[1 + \dfrac{m}{n}X\right]^{\frac{(m+n)}{2}}} , \text{ sendo } X > 0$$

A distribuição F apresenta m graus de liberdade para o numerador e n graus de liberdade para o denominador.

Para determinados valores de $\alpha$, tabelas especialmente construídas podem ser usadas para a obtenção de

$$P(0 < X < F_\alpha) = \int_{00}^{F\alpha} F(X;m,n) dX = 1 - \alpha$$

A densidade F tem uma larga aplicação em análise de variância, como será posteriormente apresentado.

## 4.3 Teste $\chi^2$ (qui-quadrado)

A distribuição do qui-quadrado é um caso especial da distribuição gama e é definida por

$$C(X;n) = \frac{1}{2^{n/2}\Gamma(n/2)} X^{(n/2-1)}e^{-X/2},$$

para x > 0 e n graus de liberdade.

Para encontrar $x^2_{(\alpha,n)}$ tal que a área de 0 a $x^2_{(\alpha,n)}$ seja igual a 1 – α, para certos valores de α, isto é, $P(0 < x < \chi^2_{(\alpha,n)}) = 1 - \alpha$, recorre-se à tabela específica para valores de α e n.

Assim sendo, n = 6 e se deseja encontrar $\chi^2(a,n)$ tal que P(0 < x < $x^2(a,n)$ = 95, então $1 - \alpha = 0,95$, $\alpha = 0,05$ e $\chi^2_{(0,05;6)} = 12,59$.

O teste $\chi^2$ pode ser utilizado, entre outras, para a estimativa do parâmetro $\sigma^2$ e para a verificação do ajuste de uma dada distribuição a uma distribuição teórica de frequência.

### 4.3.1 Intervalos de confiança para $\sigma^2$

$$\frac{(n-1)s^2}{\chi^2_{(\alpha/2;n-1)}} \leq \sigma^2 \leq \frac{(n-1)s^2}{\chi^2_{(1-\alpha/2;n-1)}}$$

Para o exemplo mostrado em 4.1.3, estimar os intervalos de confiança em torno de $\sigma^2$

$s^2 = 1,14$ e n = 127

$$\chi^2_c \cong \frac{[z_i + \sqrt{2(n-1)-1)}]^2}{2}$$

$$\chi^2_c \cong \frac{\left(1,96 + \sqrt{(2*126-1)}\right)^2}{2}$$

adotando o intervalo de confiança de 95%:

z = 1,96, corresponde à área de 0,975 em uma curva normal padronizada

z = – 1,96, corresponde à área de 0,025 em uma curva normal padronizada

$$x^2_{(0,025;n-1)} = 157,90$$

$$x^2_{(0,975;n-1)} = 95,92$$

$$\frac{126 \times 1,14}{157,90} \leq \sigma^2 \leq \frac{126 \times 1,14}{95,92}$$

$$0,91 \leq \sigma^2 \leq 1,50$$

## 4.3.2 Prova de aderência

A distribuição do qui-quadrado torna-se bastante útil quando se quer verificar o ajustamento da distribuição de frequências de uma amostra a uma distribuição teórica.

A estatística $\chi^2$ é definida como

$$\chi^2 = \frac{\text{(Valores observados na classe "1" - valores esperados na classe "i")}^2}{\text{Valores esperados na classe "i"}}$$

$$\chi^2 = \frac{(O - E)^2}{E} \text{, para m - k - 1 graus de liberdade}$$

m = número de classes e k = número de parâmetros estimados.

O seguinte exemplo, proveniente de Till (1974), mostra a aplicação do teste $\chi^2$ para verificação de ajuste a uma determinada função de distribuição.

A tabela a seguir fornece medidas de densidade (g/cm³) de um conjunto de amostras de granito provenientes de um mesmo batólito. A hipótese posta à prova é verificar se esses valores estão distribuídos segundo uma curva normal.

Tabela 4.3 – Densidades de amostras de granito

| $x_i$ | $z_i$ | $x_i$ | $z_i$ | $x_i$ | $z_i$ |
|-------|-------|-------|-------|-------|-------|
| 2,59 | 0,332 | 2,59 | 0,332 | 2,59 | 0,332 |
| 2,62 | 1,891 | 2,58 | -0,187 | 2,61 | 1,371 |
| 2,62 | 1,891 | 2,59 | 0,332 | 2,60 | 0,852 |
| 2,58 | -0,187 | 2,58 | -0,187 | 2,57 | -0,706 |
| 2,54 | -2,264 | 2,57 | -0,706 | 2,60 | 0,852 |
| 2,60 | 0,852 | 2,57 | -0,706 | 2,59 | 0,332 |
| 2,58 | -0,187 | 2,59 | 0,332 | 2,56 | -1,226 |
| 2,59 | 0,332 | 2,58 | -0,187 | 2,58 | -0,187 |
| 2,58 | -0,187 | 2,58 | -0,187 | 0,59 | 0,332 |
| 2,61 | 1,371 | 2,61 | 1,371 | 2,58 | -0,187 |
| 2,60 | 0,852 | 2,58 | -0,187 | 2,60 | 0,852 |
| 2,57 | -0,706 | 2,59 | 0,322 | 2,54 | -2,264 |
| 2,56 | -1,226 | 2,57 | -0,706 | 2,53 | -2,784 |
| 2,58 | -0,187 | 2,59 | 0,332 | 2,55 | -1,745 |
| 2,58 | -0,187 | 2,59 | 0,332 | 2,58 | -0,187 |
| 2,57 | -0,706 | 2,58 | -0,187 | 2,59 | 0,332 |
| 2,59 | 0,332 | 2,62 | 1,891 | | |

$$s = 0,01925 \quad \overline{x} = 2,5836$$

$$z_i = \frac{x_i - \overline{x}}{s} = \frac{x_i - 2,5836}{0,01925}$$

Tabela 4.4 – Distribuição de frequências para os dados não transformados

| Classes | $f_i$ | Frequência relativa | Frequência acumulada |
|---|---|---|---|
| 2,525-2,535 | 1 | 0,02 | 1 |
| 2,535-2,545 | 2 | 0,04 | 3 |
| 2,545-2,555 | 1 | 0,02 | 4 |
| 2,555-2,565 | 2 | 0,04 | 6 |
| 2,565-2,575 | 6 | 0,12 | 12 |
| 2,575-2,585 | 14 | 0,28 | 26 |
| 2,585-2,595 | 13 | 0,26 | 39 |
| 2,595-2,605 | 5 | 0,10 | 44 |
| 2,605-2,615 | 3 | 0,06 | 47 |
| 2,615-2,625 | 3 | 0,06 | 50 |

Como a hipótese que está sendo testada é a de que os dados obedecem a uma distribuição normal, encontra-se, inicialmente, a distribuição de frequência para os dados padronizados, segundo a transformação z.

Tabela 4.5 – Distribuição de frequência para os dados padronizados

| Classes ($z_i$) | $f_i$ |
|---|---|
| < -2 | 3 |
| -2 – -1 | 3 |
| -1 – 0 | 20 |
| 0 – 1 | 18 |
| 1 – 2 | 6 |
| > 2 | 0 |

Para a utilização do teste $\chi^2$ a teoria mostra que quando existem classes com frequência menor que cinco o resultado se afasta da distribuição teórica de $\chi^2$, ocasionando um erro e reduzindo o poder do teste. Desse modo, frequências, podem ser agrupadas.

Tabela 4.6 – Frequências agrupadas para o teste $\chi^2$

| Classes ($z_i$) | $f_i$ |
|---|---|
| < – 1 | 6 |
| -1 – 0 | 20 |
| 0 – 1 | 18 |
| > 1 | 6 |

Usando a tabela de áreas para uma curva normal, encontra-se que a probabilidade de um valor ser menor que −1 é de 0,1587; situar-se entre −1 e 0 é de 0,3413; situar-se entre 0 e 1 é 0,3413; e ser maior que +1 é de 0,1587.

A frequência observada (O) é o número de medidas padronizadas de densidade por classe do granito. A frequência esperada (E) é o número de medidas esperadas num conjunto de 50 valores e normalmente distribuídas.

$E = n.p_i^k$ (probabilidade do valor $z_i$ ocorrer na i-ésima classe)

Tabela 4.7 – Valores observados e esperados

| Classes | O | Probabilidade de ocorrer o valor $z_i$ | E |
|---------|---|----------------------------------------|---|
| < − 1 | 6 | 0,1587 | 7,93 |
| −1 − 1 | 20 | 0,3413 | 17,07 |
| 0 − 1 | 18 | 0,3413 | 17,07 |
| < + 1 | 6 | 0,1587 | 7,93 |

$$\chi^2 = \frac{(6-7,93)^2}{7,93} + \frac{(20-17,07)^2}{17,07} + \frac{(18-17,07)^2}{17,07} + \frac{(6-7,93)^2}{7,93}$$

$$\chi^2 = 1,494$$

Para um intervalo de confiança igual a 5% e m−k−1 = 4−2−1= 1 graus de liberdade, pois μ e σ² foram estimados, $\chi^2_{(0,05;1)} = 3,84$.

Como o valor encontrado (1,494) é menor que o tabelado (3,84), isso significa que se deve aceitar $H_0$, ou seja, esses dados obedecem a uma distribuição normal e tal afirmação é feita com uma probabilidade de 5% de erro.

### 4.3.3 Comparação entre distribuições de frequências

Para a comparação entre distribuições de frequências, os exemplos foram tomados de Griffiths (1967):

a) Conhecendo-se perfeitamente a distribuição de minerais pesados de uma certa unidade estratigráfica, a hipótese é verificar se uma determinada amostra de rocha estudada provém dessa unidade:

Tabela 4.8 – Distribuição de minerais pesados

|  | Zircão | Rutilo | Turmalina | Granada | Clorita | Estaurolita | Total |
|---|---|---|---|---|---|---|---|
| Formação(E) | 27 | 7 | 25 | 20 | 8 | 13 | 100 |
| Amostra (O) | 25 | 6 | 28 | 18 | 4 | 19 | 100 |
| O – E | -2 | -1 | +3 | -2 | -4 | +6 | 0 |
| $(O - E)^2$ | 4 | 1 | 9 | 4 | 16 | 36 | 70 |
| $\dfrac{(O-E)^2}{E}$ | 0,15 | 0,14 | 2,25 | 0,20 | 2,0 | 2,77 | 5,62 |

$$\chi^2 = 5,62 \text{, com } g.l. = 6 - 1 = 5$$

$$\chi_{(0,05;5)} = 11,07; \text{ aceitar, portanto, } H_o$$

b) Supor que ambas as frequências da tabela anterior pertençam a duas amostras distintas e verificar se elas provêm da mesma população.

Tabela 4.9 – Distribuição de minerais pesados

|  | Zircão | Rutilo | Turmalina | Granada | Clorita | Estaurolita | Total |
|---|---|---|---|---|---|---|---|
| Amostra A | 27 | 7 | 25 | 20 | 8 | 13 | 100 |
| Amostra B | 25 | 6 | 28 | 18 | 4 | 19 | 100 |
| Total | 52 | 13 | 53 | 38 | 12 | 32 | 200 |
| E | 26 | 6,5 | 26,5 | 19 | 6 | 16 | 100 |
| O – E ( A ) | 1 | 0,5 | -1,5 | 1 | 2 | -3 | 0 |
| O – E ( B ) | -1 | -0,5 | 1,5 | -1 | -2 | +3 | 0 |
| Total | 0 | 0 | 0 | 0 | 0 | 0 | 0 |
| $\dfrac{(O-E)^2}{E}$ (A) | $\dfrac{1}{26}$ | $\dfrac{0,25}{6,5}$ | $\dfrac{2,25}{26,5}$ | $\dfrac{1}{19}$ | $\dfrac{4}{6}$ | $\dfrac{9}{16}$ | |
| $\dfrac{(O-E)^2}{E}$ (B) | $\dfrac{1}{26}$ | $\dfrac{0,25}{6,5}$ | $\dfrac{2,25}{26,5}$ | $\dfrac{1}{19}$ | $\dfrac{4}{6}$ | $\dfrac{9}{16}$ | |
| TOTAL | 0,076 | 0,076 | 0,170 | 0,106 | 1,334 | 1,126 | 2,888 |

$$\chi^2 = 2,888, \text{ com g.l.} = (6 - 1)(2 - 1) = 5$$

$\chi_{(0,05;5)} = 11,07$; como a probabilidade de ocorrência do valor 2,9 é pequena, da ordem de $70 < p < 80$, aceitar $H_0$. Isso significa que ambas as amostras devem provir da mesma população.

### 4.3.4 Tabela de contingência

Conforme poderá ser observado adiante, no Capítulo 8, para testar estatisticamente se uma matriz de probabilidades de transição, empiricamente encontrada, representa um processo com ou sem *memória*, o método recomendado por Potter & Blakely (1967) pode ser adotado, isto é, o uso da tabela de contingência qui-quadrática ($\chi^2$ *contingency table*).

Segundo esse método a hipótese nula testada é a seguinte: para $i = j$ a probabilidade de que a j-ésima litologia seja seguida pela i-ésima litologia é a mesma que ser seguida por uma não i-ésima litologia. Em outras palavras, a deposição das várias litologias independe uma da outra. Nesse sentido, a hipótese alternativa é que a deposição de uma litologia depende da imediatamente anterior.

Na tabela a seguir, $N_{ij}$ representa o número de observações na ij-ésima cela, e a partir daí calcula-se a frequência obtida; $N_i$ é o total de i-ésima linha, $N_j$ é o total da j-ésima coluna e N é o número total de observações. Em se tratando de um método que utiliza a distribuição $\chi^2$, calcula-se a frequência esperada na ij-ésima cela pela fórmula:

$$E_{ij} = \frac{(Ni.)(N.j)}{N}$$

Tabela 4.10 – Tabela de contingência

|       | B1    | B2...  | BK    | $\Sigma$i |
|-------|-------|--------|-------|-----------|
| A1    | N,1   | N1,2   | N1,K  | N1.       |
| A2... | N,21  | N2,2   | N2,K  | N2.       |
| Am    | Nm,1  | Nm,2   | Nm,k  | Nm.       |
| $\Sigma$j | N.1 | N.2  | N.k   | N         |

Em seguida, calcula-se a diferença entre a frequência observada e a esperada para cada cela, ou seja,

$$D_{ij.} = N_{ij} - E_{ij}$$

Com esses dados encontra-se V:

$$V = \overset{k}{\Sigma}\overset{m}{\Sigma} \ \frac{(Dij)^2}{Eij}$$

Se $V > \chi^2$ ($\alpha$, t), rejeita-se a hipótese de que os eventos sejam independentes, com a probabilidade de um erro do tipo I, ou seja, rejeitar $H_0$ quando ela é verdadeira. Se $V > \chi^2$ ($\alpha$, t), a hipótese de independência não será rejeitada.

Para o teste t, g.l.= (m-1) (k-1).

Em Landim (1971), encontra-se um exemplo de aplicação de matrizes de probabilidade de transição litológica para a caracterização de seções estratigráficas.

# 5 Análise de variância

## 5.1 Introdução

Aplica-se a análise de variância para a comparação simultânea entre médias de diversas amostras ou para estimar a variabilidade associada a diferentes fontes de variação. Essa análise baseia-se no fato de que a variância de uma soma de variáveis aleatórias, não correlacionáveis entre si, é igual à soma das variâncias dessas mesmas variáveis. Em outras palavras, se duas ou mais variáveis, não correlacionáveis entre si, introduzem variabilidade num conjunto de observações, essa variabilidade pode ser decomposta em partes e cada porção atribuída a cada uma das variáveis. Desse modo, a aplicação da análise de variância depende da identidade algébrica que estabelece:

*Variância total = variância dentre amostras + variância entre amostras*

A variância total é a variação de todas as medidas em relação à média geral. A variância dentre amostras é a variação média resultante da variação de cada amostra em relação à sua própria média e a variância entre amostras é a variação das médias de cada amostra em relação à média geral.

A seguinte disposição de dados representa amostras retiradas de uma mesma população:

Tabela 5.1 – Amostras provenientes de uma mesma população

| n itens | a amostras | | | | |
|---|---|---|---|---|---|
| | 1 | 2 | 3... | i... | a |
| 1 | $x_{1,1}$ | $x_{2,1}$ | $X_{3,1}$ | $x_{i,1}$ | $x_{a,1}$ |
| 2 | $x_{1,2}$ | $x_{2,2}$ | $X_{3,2}$ | $x_{i,2}$ | $x_{a,2}$ |
| 3... | $x_{1,3}$ | $x_{2,3}$ | $X_{3,3}$ | $x_{i,3}$ | $x_{a,3}$ |
| j... | $x_{i,j}$ | $x_{2,j}$ | $X_{3,j}$ | $x_{i,j}$ | $x_{a,j}$ |
| n | $x_{1,n}$ | $x_{2,n}$ | $X_{3,n}$ | $x_{i,n}$ | $x_{a,n}$ |

A variância da amostra "1" é calculada segundo:

$$\frac{1}{n-1}\sum^{n}(x_{ij} - \overline{x})^2$$

A variância *dentre* (ou dentro das) amostras, ou seja, a variância média das amostras é calculada segundo:

$$\frac{1}{a(n-1)}\sum^{a}\sum^{n}(\overline{x}_{ij} - \overline{x}_i)^2$$

A variância *entre* amostras é calculada segundo:

$$\frac{1}{a-1}\sum^{a}(\overline{x}_i - \overline{x})^2$$

Ambas as variâncias calculadas são estimativas independentes da variância populacional. O problema é saber se elas estimam o mesmo parâmetro, isto é, se essas duas variâncias amostrais provêm da mesma população ou não. Para tal teste utiliza-se a distribuição F, a qual verifica a razão entre a variância entre amostras e a variância dentre amostras. Para o caso de apenas duas amostras:

$$F = \frac{s_1^2}{s_2^2}$$

Se as variâncias são estimativas do mesmo parâmetro, a razão acima deve apresentar um valor próximo a 1.

$$H_o : \sigma_1^2 = \sigma_2^2 = \sigma$$

$$H_1 : \sigma_1^2 \neq \sigma_2^2$$

Em outras palavras, se as médias amostrais não forem significativamente diferentes entre si, F apresentará um valor pequeno e, em consequência, a hipótese nula de que as variâncias sejam iguais será aceita.

Se, porém, os dados não representarem amostras casuais retiradas de uma mesma população, mas sim amostras às quais foram adicionados tratamentos $\alpha_i$, sob controle, o arranjo passará a ser o seguinte:

Tabela 5.2 – Amostras com tratamentos adicionados

| n itens | a amostras | | | | |
|---|---|---|---|---|---|
| | 1 | 2 | 3 ... | i... | A |
| 1 | $x_{1,1+\alpha 1}$ | $x_{2,1+\alpha 2}$ | $x_{3,1+\alpha 3}$ | $x_{i,1+\alpha i}$ | $x_{a,1+\alpha a}$ |
| 2 | $x_{1,2+\alpha 1}$ | $x_{2,2+\alpha 2}$ | $x_{3,2+\alpha 3}$ | $x_{i,2+\alpha i}$ | $x_{a,2+\alpha a}$ |
| 3... | $x_{1,3+\alpha 1}$ | $x_{2,3+\alpha 2}$ | $x_{3,3+\alpha 3}$ | $x_{i,3+\alpha i}$ | $x_{a,3+\alpha a}$ |
| j... | $x_{i,j+\alpha 1}$ | $x_{2,j+\alpha 2}$ | $x_{3,j+\alpha 3}$ | $x_{i,j+\alpha i}$ | $x_{a,j+\alpha a}$ |
| n | $x_{1,n+\alpha 1}$ | $x_{2,n+\alpha 2}$ | $x_{3,n+\alpha 3}$ | $x_{i,n+\alpha i}$ | $x_{a,n+\alpha a}$ |

$$\sum_{i=1}^{a}\alpha_i = 0$$

Variância *dentre* amostras

$$\frac{1}{a(n-1)} \sum^{a}\sum^{n} [(x_{ij}+\alpha_i)-(\overline{x}_i+\alpha_i)]^2 = \frac{1}{a(n-1)} \sum^{a}\sum^{n} (x_{ij}-\overline{x}_i)^2$$

Variância *entre* amostras:

$$\frac{1}{a-1} \sum^{a} [(\overline{x}_i+\alpha_i) - (\overline{\overline{x}}+\overline{\alpha})]^2 = \frac{1}{a-1} \sum^{a} [(x_i-\overline{\overline{x}}) + (\alpha_i-\overline{\alpha})]^2 =$$

$$= \frac{1}{a-1} \sum^{a} (\overline{x_i}-\overline{\overline{x}})^2 + \frac{1}{a-1} \sum^{a} (\alpha_i-\overline{\alpha})^2 + \frac{2}{a-1} \sum^{a} (\overline{x}_i-\overline{\overline{x}})(\alpha_i-\overline{\alpha})$$

O primeiro termo é a variância das médias das amostras $x_{ij}$, porém, o segundo termo, embora análogo a uma variância, não pode ser considerado como tal porque $\alpha_i$ não é uma variável casual, mas sim um tratamento introduzido sob controle de tal modo que $\overline{\alpha}=0$. O termo médio pode então ser reescrito como $[(1/(a-1)]\Sigma\alpha^2$. O último termo é a covariância entre $X_{ij}$ e $X_{ij}\alpha_i$, porém como essas quantidades são independentes, o valor esperado para esse termo deve ser 0 (zero).

A fim de estimar a variância paramétrica entre amostras, multiplica-se a variância das médias amostrais pelo tamanho da amostra *n*.

$$n(s_x^2 + \frac{1}{a-1}\Sigma\alpha^2) = s_x^2 + \frac{n}{a-1}\Sigma\alpha^2$$

Isto significa que a estimativa da variância paramétrica da população é acrescida da quantidade $\frac{n}{a-1}\Sigma\alpha^2$, que é *n* vezes a componente adicionada por efeito dos tratamentos.

Assim, a razão F passa a ser

$$F \approx \frac{\sigma^2 + \dfrac{n}{a-1} \overset{a}{\Sigma} \alpha^2}{\sigma^2}$$

Quando a análise de variância envolve efeitos devidos a tratamentos controlados, $\alpha_i$, ela pertence ao chamado *Modelo I*. Quando os efeitos adicionados não são segundo tratamentos fixos, mas sim ao acaso, $A_i$, ela pertence ao chamado *Modelo II*.

$$\frac{1}{a} \overset{a}{\Sigma} A_i = \overline{A} = 0$$

Nesta situação, o cálculo para as duas estimativas da variância populacional é a mesma que para o Modelo I, sendo $\alpha_i$ substituído por $A_i$.

A correspondente estimativa da variância entre médias é, portanto, representada por:

$$\frac{1}{a-1} \overset{a}{\Sigma} (\overline{x}_i - \overline{\overline{x}})^2 + \frac{1}{a-1} \overset{a}{\Sigma} (x_i - \overline{A})^2 + \frac{2}{a-1} \overset{a}{\Sigma} (\overline{x}_i - \overline{\overline{x}})(A_i - \overline{A})$$

Seguindo o mesmo raciocínio como no Modelo I, tem-se para o Modelo II a seguinte razão F:

$$F \approx \frac{\sigma^2 + n\sigma^2 A}{\sigma^2}$$

No caso do modelo II não há interesse na magnitude de nenhum $A_i$ ou em diferenças do tipo $A_1$-$A_2$, mas sim na magnitude de $\sigma^2_A$ e seu valor em relação a $\sigma^2$, que é geralmente expressa em porcentagem:

$$100 \, s_A^2 / (s^2 + s_A^2)$$

Como a variância entre amostras estima $\sigma^2 + \sigma^2_A$, para o cálculo de $S^2_A$, é executada a operação:

1/n (variância entre amostras – variância dentre amostras) =

$$= \frac{1}{n} [(s^2 + ns_A^2) - s^2] \; = \; \frac{1}{n} (ns_A^2) = s_A^2$$

## 5.2 Tipos principais de análise de variância

O modelo geral a ser adotado é o seguinte:

$$x_{ij\alpha} = \mu + \beta_i + \gamma_j + \delta_{ij} + \varepsilon_{\alpha(ij)},$$

onde $x_{ij\alpha}$ representa uma medida de $X$, com replicatas em número $\alpha$, na classe j e também na classe i (as duas sendo em conjunto referidas como cela ij), onde:

$$i = 1, \ 2... \ p; \qquad j = 1, \ 2,... \ q \qquad k = 1, \ 2,... \ n_{ij}$$

$\mu$ = média populacional

$\beta_i, \gamma_j$ = constantes numéricas características de quaisquer medidas em subconjuntos i, j, respectivamente

$\delta_{ij}$ = quantidade numérica, chamada interação, associada com as quantidades $\beta_i$ e $\gamma_j$ na cela ij somente

$\varepsilon_{\alpha(ij)}$ = erro casual associado com cada medida na cela *ij*.

Os pressupostos mínimos são que $x_{ijk}$ sejam amostradas casualmente, de modo apropriado ao modelo particular, que os erros $\varepsilon_{\alpha(ij)}$ não estejam correlacionados e que $\varepsilon$ seja $N(0, \sigma^2)$. Também é necessário que as populações em estudo tenham distribuições normais e, caso os dados não obedeçam a essa condição, adotam-se transformações que tornem a distribuição o mais próximo possível da normalidade.

Para o cálculo da análise de variância é necessário definir:

$$T_{ij} \ = \ \sum^{n_{ij}} x_{ijk}; \ \ \overline{x}_{ij} = \frac{T_{ij}}{n_{ij}}; \ \ T_{i.} = \Sigma\Sigma x_{ijk}; \ \ \overline{x}_{i.} = \frac{T_{i.}}{\Sigma n_{ij}}$$

$$T \ = \ T.. \ = \ \Sigma\Sigma\Sigma x_{ijk} \ = \ \Sigma T_{i} \ . = \ \Sigma T_{.j} \ ; \ \ \overline{X}.. \ = \ \frac{T..}{\Sigma\Sigma n_{ij}} = \overline{x}$$

Tanto a teoria como o cálculo ficam simplificados se $n_{ij}$ for constante, e igual a n, para todos i, j. Assim,

$$\overline{x}_{ij} \ = \ \frac{T_{ij}}{n}; \qquad \overline{x}_{i.} \ = \ \frac{T_{i}}{q_n}; \qquad \overline{x}.. \ = \ \frac{T..}{pqn} = \overline{x}$$

Existem três tipos principais de *análise de variância*, cada um dos quais pode ser adaptado para uma variedade de classificações e planos de amostragem:

*Tipo 1* – Parâmetros são valores médios de subconjuntos

Variâncias do tipo $\sigma_\beta^2, \sigma_\gamma^2, \sigma_\delta^2$ podem ser estimadas mas são constantes, sem significado fora dos subconjuntos. Além disso, estimativas das médias dos subconjuntos, suas diferenças etc. podem ser feitas.

*Tipo 2* – Componentes de variância

Os subconjuntos são amostras de populações infinitas de subconjuntos. Suas variâncias são, portanto, parâmetros populacionais e podem ser usadas para previsão, bem como para estimativa.

*Tipo 3* – Uma extensão do tipo 2 para o caso em que os subconjuntos são retirados de populações finitas.

A amostragem e os procedimentos estatísticos podem diferir para os diferentes tipos, mas os cálculos algébricos são basicamente similares, variando de preferência com as relações hierárquicas dos subconjuntos e o modelo.

Além disso, há duas espécies principais de classificação, plano de amostragem ou modelo, podendo cada um deles ser posteriormente identificado como sendo do tipo 1, 2 ou 3. No primeiro, as espécies de classificação (*fatores*) são diferentes e o modelo é conhecido como *cruzado*. Por exemplo: a distribuição de césio (Ce) em rochas ígneas pode tanto estar relacionada ao tipo de mineral acessório (apatita, esfeno, allanita etc., como ao tipo de rocha (pegmatito, granito, sienito etc.). Análises realizadas em cada mineral, separadas daquelas feitas em cada rocha, se adequadamente casuais, podem ser submetidas a uma análise de variância cruzada a dois fatores.

Na segunda classe de modelo, os fatores representam sucessivas subdivisões ou procedimentos de amostragem e é conhecida como classificação *hierárquica* ou *aninhada* (*nested*). Por exemplo: a aparente homogeneidade de um tipo de rocha com respeito a algum elemento químico pode ser afetada pela variabilidade introduzida em razão da coleta de espécimes, moagem e quarteamento, análise química etc. Se cada espécime for moída e quarteada, e cada porção analisada várias vezes, sendo a operação de amostragem total casual, as análises podem ser examinadas por uma análise de variância aninhada a dois fatores.

Em outros casos, uma classificação *mista* pode ser apropriada, com dois ou mais fatores podendo ser cruzados e outros aninhados. Tais análises, complexas, não são aqui tratadas.

Hipóteses a respeito da igualdade de diferentes estimativas de variância, $s_1^2$ e $s_2^2$, podem ser testadas pela comparação de sua razão F com valores críticos tabelados, da distribuição F a um apropriado nível de significância, usando os respectivos graus de liberdade de $s_1^2$ e $s_2^2$.

Nos modelos, resumidos por Shaw (1969) e a seguir apresentados, adota-se a notação:

$$SQ \quad = \text{ soma dos quadrados}$$

SQ   = soma dos quadrados
g.l.  = graus de liberdade
M.Q.  = média quadrática
M.Q.E.= valor esperado para a média quadrática
F    = razão entre médias quadráticas

## 5.2.1 Fator único com replicação

Tabela 5.3 – Análise de variância para fator único com replicação

| Fonte | S.Q. | g.l. | M.Q. | M.Q.E. | F |
|---|---|---|---|---|---|
| entre classes | $S_i = n\Sigma(\overline{x}_{i.} - \overline{x})^2$ | $p-1$ | $s_1^2 = \dfrac{S_i}{p-1}$ | $\sigma^2 + n\sigma_\beta^2$ | $S_1^2 / S^2$ |
| dentre classes | $S_{\alpha(i)} = \Sigma\Sigma(x_{i\alpha} - x_{i.})^2$ | $p(n-1)$ | $s^2 = S_{\alpha(i)}$ | $\sigma^2$ | |
| Total | $S = \Sigma\Sigma(x_{ik} - \overline{x})$ | $np-1$ | | | |

1. Modelo: $x_{i\alpha} = \mu + \beta_i + \varepsilon_{i\alpha}$
2. Supor que n é o mesmo para cada classe
3. Cálculos:

$$S = \Sigma\Sigma x^2_{i\alpha} - T^2 / np$$

$$S_i = \Sigma T_i^2 / n - T^2 / np$$

$$S_{\alpha(i)} = S - S_i$$

$$F = s_i^2 / s^2 \text{, com } v_1 = p-1 \text{ e } v_2 = p(n-1) \text{ g. l.}$$

4. Hipótese:

   H: $\sigma_\beta^2 = 0$, é aceita ao nível de significância $\alpha$ se $P[F < F_{\alpha;v_1,v_2}] = 1 - \alpha$

5. Se a hipótese $H_0$ for rejeitada, então,

   a) a estimativa de $\sigma^2$ é $s^2$

   b) a estimativa de é $\sigma_\beta^2$ é $s_\beta^2 = (s_i^2 - s^2)/n$

   c) a estimativa de $\mu$ é $\overline{x} = T/np$ com variância estimada $s_{\overline{x}}^2 = s^2 / np$

d) a estimativa de $\mu + \beta_1$ é $\bar{x}_{i.} = T_{i.} / n$, com variância estimada $s_{\bar{x}i}^2 = s^2 / n$.

Com base nessas estimativas é possível obter limites de confiança e testar hipóteses a respeito das várias estatísticas.

6. Se a hipótese $H_0$ for aceita, então os dados podem ser tratados com uma única amostra de np itens provenientes de $x = N(\mu, \sigma^2)$.

## 5.2.2 Dois fatores cruzados com replicação

Tabela 5.4 – Análise de variância com dois fatores cruzados com replicação

| Fonte | S.Q. | g.l. | M.Q. | M.Q.E. | F |
|---|---|---|---|---|---|
| entre linhas | $S_i = nq\Sigma(\bar{x}_{i.} - \bar{x})^2$ | $(p-1)$ | $s_i^2 = S_i /(p-1)$ | $\sigma^2 + n\sigma_\delta^2 + nq\sigma_\beta^2$ | |
| entre colunas | $S_j = np\Sigma(\bar{x}_{.j} - \bar{x})^2$ | $(q-1)$ | $s_j^2 = S_j /(q-1)$ | $\sigma^2 + n\sigma_\delta^2 + np\sigma_\gamma^2$ | |
| interação | $S_{ij} = n\Sigma\Sigma(\bar{x}_{ij} - \bar{x}_{i.} - \bar{x}_{.j} + \bar{x})^2$ | $(p-1)(q-1)$ | $s_{ij}^2 = S_{ij} /(p-1)(q-1)$ | $\sigma^2 + n\sigma_\delta^2$ | $s_{ij}^2 / s^2$ |
| dentre celas (replicadas) | $S_{\alpha(ij)} = \Sigma\Sigma\Sigma(x_{ij\alpha} - \bar{x}_{ij})^2$ | $pq(n-1)$ | $s^2 = S_{\alpha(ij)} / pq(n-1)$ | $\sigma^2$ | |
| Total | $S = \Sigma\Sigma\Sigma(x_{ij\alpha} - \bar{x})^2$ | $pqn-1$ | | | |

1. Modelo

$$x_{ij\alpha} = \mu + \beta_i + \gamma_j + \delta_{ij} + \varepsilon_{ij\alpha}$$

$$\text{onde: } i = 1,2 \dots p$$
$$j = 1,2 \dots q$$
$$\alpha = 1,2 \dots n$$

2. Cálculos

$$S = \Sigma\Sigma\Sigma\, x^2 ij\alpha - T^2 / npq$$

$$S_i = \Sigma T_{i.}^2 / nq - T^2 / npq$$

$$S_j = \Sigma T_{.j}^2 / np - T^2 / npq$$

$$S_{ij} = \Sigma\Sigma T_{ij}^2 / n - \Sigma T_{i.}^2 / nq - \Sigma T_{.j}^2 / np + T^2 / npq$$

$$S_{\alpha(ij)} = S - S_i - S_j - S_{ij}$$

$$F_1 = s_{ij}^2 / s^2, \text{ com } v_1 = (p-1)(q-1) \text{ e } v_2 = pq \ (n-1) \text{ g.l.}$$

3. Hipóteses $H_0 : \sigma_\delta^2$ é inicialmente testada usando $F_1$, como no caso anterior

4. Se $H_0$ for rejeitada,

a) Hipóteses $H_2 : \sigma_\gamma^2 = 0$ e $H_3 : \sigma_\gamma^2$ podem ser testadas usando as razões: $F_2 : s_j^2 / s_{jj}^2$ e $F_3 : s_j^2 / s_{jj}^2$ respectivamente. Se qualquer uma delas for rejeitada a estimativa da variância $\sigma_\gamma^2$ ou $\sigma_\beta^2$ pode ser calculada como anteriormente.

b) a estimativa de $\sigma^2$ é $s^2$

5. Se $H_1$ for aceita,

a) reunir as somas de quadrados devido à interação e dentre celas para obter

$$s'^2 = [S_{ij} + S_{\alpha(ij)}] / (pqn - p - q + 1)$$

b) testar as hipóteses $H_2$ e $H_3$ usando as razões;

$$F_2' = s_j^2 / s'^2 \text{ e } F_3' = s_i^2 / s'^2$$

c) se ambas – $H_2$ e $H_3$ – forem rejeitadas, as estimativas de $\sigma_\gamma^2$ e $\sigma_\beta^2$ podem ser calculadas;

d) se ambas – $H_2$ e $H_3$ – forem rejeitadas, a estimativa de $\sigma^2$ será $s'^2$;

e) se uma das hipóteses $H_2$ ou $H_3$ for aceita, uma nova variância combinada $s''^2$ pode ser calculada para estimar $\sigma^2$.

6. Se $H_1$, $H_2$ e $H_3$ forem todas aceitas, então os dados podem ser tratados como uma única amostra com npq itens provenientes de $x = N(\mu, \sigma^2)$

7. Estimativas de $\mu, \beta_i, \gamma_j, \delta_{ij}$ são obtidas, como anteriormente, quando as hipóteses apropriadas forem rejeitadas. Suas variâncias amostrais são obtidas dividindo $s^2$ (ou $s'^2$ ou $s''^2$) por npq, nq ou n, respectivamente.

8. No caso em que há apenas uma observação em cada cela, ou n = 1 (dois fatores cruzados sem replicação) a variância devido à *dentre celas* desaparece e não é possível distinguir a variância por interação da variância residual (por replicação).

## 5.2.3. Dois fatores hierárquicos com replicação

Tabela 5.5 – Análise de variância com dois fatores hierárquicos com replicação

| Fonte | S.Q. | g.l. | M.Q. | M.Q.E. | F |
|---|---|---|---|---|---|
| entre classes | $S_i = nq\Sigma(\bar{x}_{i.} - \bar{x})^2$ | $(p-1)$ | $s_i^2 = S_i / (p-1)$ | $\sigma^2 = n\sigma_\gamma^2 + nq\sigma_\beta^2$ | |
| dentre classes | $S_{j(i)} = n\Sigma\Sigma(\bar{x}_{ij} - \bar{x}_{i.})^2$ | $p(q-1)$ | $s_{ij}^2 = S_{j(i)} / (pq - p)$ | $\sigma^2 + n\sigma_\gamma^2$ | $s_{ij}^2 / s^2$ |
| dentre subclasses (replicatas) | $S_{\alpha(ij)}\Sigma\Sigma(x_{ij\alpha} - \bar{x}_{ij})^2$ | $pq(n-1)$ | $s^2 = S_{\alpha(ij)} / (pqn - pq)$ | | |
| Total | $S = \Sigma\Sigma(x_{ijk} - \bar{x})^2$ | $pqn - 1$ | | | |

### 1. Modelo

$$x_{ijk} = \mu + \beta_i + \gamma_{j(i)} + \varepsilon_{ij\alpha,},$$

onde $i = 1,2 \ldots p$
$\quad\quad j = 1,2 \ldots s$
$\quad\quad k = 1,2 \ldots n$

### 2. Cálculos:

$$S = \Sigma\Sigma\Sigma\, x_{ij\alpha}^2 - T^2 / npq$$

$$S_i = \Sigma T_{i.}^2 / np - T^2 / npq$$

$$S_{j(i)} = \Sigma\Sigma T_{ij}^2 / n - \Sigma T_{i.}^2 / nq$$

$$S_{\alpha(ij)} = S - S_i - S_{j(i)}$$

$$F = s_{ij}^2 / s^2 \text{ com } v_1 = p(q-1) \text{ e } v_2 = pq(n-1) \text{ g.l.}$$

### 3. Hipótese $H_1 : \sigma_\gamma^2 = 0$ é inicialmente testada usando $F_1$

### 4. Se $H_1$ for rejeitada:
a) a estimativa de $\sigma_\gamma^2$ é $(s_{ij}^2 - s^2)/n$

b) a estimativa de $\sigma^2$ é $s^2$;

c) a hipótese $H_1$: $\sigma_\beta^2$ é testada, usando $F_2 = s_i^2/ s_{ij}^2$;

d) se $H_2$ for rejeitada, então $\sigma_\beta^2$ pode ser estimada por $(s_2^2 - s_{ij}^2).nq$;

5. Se $H_1$ for aceita:

a) a estimativa de $\sigma^2$ é $s'^2 = (S_{j(i)} + S_{\alpha(ij)})/pqn - p)$

b) hipótese $H_2$ é testada, usando $F_2 = S_i^2/S'^2$

6. Se ambas $H_1$ e $H_2$ forem aceitas, os dados podem ser tratados como uma única amostra com npq itens provenientes de x = N ($\mu$, $\sigma^2$).

7. Estimativas de $\mu, \beta_1, \gamma_{j(i)}$ são obtidas, como anteriormente, onde as hipóteses apropriadas tenham sido rejeitadas. Suas variâncias amostrais são obtidas dividindo $s^2$ (ou $s'^2$) por npq ou np ou n respectivamente.

## 5.2.4 Homogeneidade de variâncias

Conforme observado anteriormente, o teste F exige para a sua aplicação os seguintes pressupostos: que as médias das populações em estudo sejam iguais, sendo esta a condição que está sendo testada sob $H_0$; que as amostras em estudo sejam amostras casuais, o que é conseguido seguindo-se um procedimento de amostragem devidamente adequado; que as populações de onde as amostras em estudo provêm sejam normais. Além disso, exige-se, ainda, que a variância das populações sejam iguais. O efeito de não homogeneidade de variâncias pode ser reduzido fazendo que o tamanho de todas as a amostras seja o mesmo.

Para a verificação da presença de homogeneidade de variâncias nas populações sob estudo, o teste mais usual é o de Bartlett (1937), o qual requer, para a sua aplicação, que os valores sejam previamente transformados para logaritmo natural (ln). A hipótese a ser testada é a de que as variâncias de k populações com distribuição normal são iguais.

As amostras são de tamanho $n_i$, sendo a soma total $\Sigma n_i = N$ e a variância da i-ésima amostra representada por $s_i^2$.

Para este teste devem ser efetuados os seguintes cálculos:

$$M = (N-k)\ln s_p^2 - \overset{k}{\Sigma}[(n_i - 1)\ln s_i^2]$$

$$s_p^2 = \frac{\Sigma(n_i - 1)s_i^2}{N - k}$$

$$A = \frac{1}{3(k-1)}\left[\Sigma(\frac{1}{n_i - 1}) - \frac{1}{n - k}\right]$$

$$\nu_1 = k - 1 \text{ (g.l. numerador) e } \nu_2 = \frac{k + 2}{A^2} \text{ (g.l. denominador)}$$

$$b = \frac{\nu_2}{1 - A + (a / \nu_2)}$$

$$F = \frac{\nu_2 M}{\nu_1 (b - M)}$$

A hipótese $\nu_1^2 = \nu_2^2 = \ldots = \nu_k^2$ é aceita se o valor calculado F for menor que F tabelado, para um certo nível de significância $\alpha$.

Um outro teste que pode ser usado, para esta mesma finalidade, é o F-máximo de Hartley, versão simplificada do teste de homogeneidade de variância de Bartlett:

$$H_0 = \sigma_1^2 = \sigma_2^2 = \ldots \sigma_k^2 = \sigma^2$$

$H_1$ : algumas $\sigma^2$ não são iguais

Para tanto, calcula-se:

$F_{máx}$ = maior $s_i^2$/menor $s_i^2$, onde $s_i^2$ é a estimativa de amostras da variância populacional, com g.l. $= \Sigma n_i/k$.

Valores significantes de $F_{máx}$ para diversos graus de liberdade e números de grupos de amostras são encontrados em tabelas, como em Pearson & Hartley (1976).

### 5.2.5 Teste para diferença significativa entre médias

Rejeitada a hipótese nula de que todas as médias amostrais são iguais, há necessidade de verificar quais dentre elas não são iguais entre si.

Para tanto utiliza-se, entre outros, o teste da diferença mínima significativa (*least significant difference, LSD*) de Fisher:

$$D_{ij} = t \sqrt{s^2 \left( \frac{1}{n_i} + \frac{1}{n_j} \right)},$$

onde:

$s^2$ é a média quadrática referente à fonte de variação dentro de grupos, ou seja, a média quadrática do erro;

t é o valor encontrado na tabela de Student para o nível de significância $\alpha/2$ e respectivo grau de liberdade $s^2$;

$n_i$ é o tamanho da amostra i;

$n_j$ é o tamanho da amostra j.

Para que duas médias amostrais sejam consideradas iguais, a diferença entre elas não deve exceder o respectivo valor $D_{ij}$ encontrado.

## 5.3 Análise de variância não paramétrica

### 5.3.1 Análise de variância com único critério, segundo Kruskal e Wallis

Quando os pressupostos para a aplicação de uma análise de variância não são preenchidos, deve-se recorrer a métodos que não dependam de uma dada distribuição teórica, ou seja, aqueles pertencentes à chamada estatística não paramétrica.

A estatística não paramétrica usa testes cujos modelos não especificam condições sobre os parâmetros da população da qual as amostras foram retiradas. Assim a análise de variância de Kruskal e Wallis testa a hipótese nula de que k amostras independentes provenham de uma mesma população ou de idênticas populações com respeito à médias, sem necessidade que as exigências relacionadas com a aplicação da análise de variância paramétrica sejam cumpridas.

O Procedimento:

a) Ordenar todas as observações para os k grupos numa única série de 1 a N.

b) Determinar o valor de R, soma de postos por coluna, para cada k grupo.

c) Usar a fórmula:

$$V_{kw} = \frac{12}{N(N+1)} \sum_{j=1}^{k} \frac{R_j^2}{n_j} - 3(N+1)$$

d) Ocorrendo uma grande proporção de observações com valores empatados, usar a fórmula:

$$V_{kw} = \frac{\dfrac{12}{N(N+1)} \sum_{j=1}^{k} \dfrac{R_j^2}{n_j} - 3(N+1)}{1 - \dfrac{\Sigma T}{N^3 - N}}$$

88

onde $T = t^3 - t$ (t é o número de observações com valores empatados) e $N = \Sigma n_j$.

e) Verificar a significância do valor calculado para $V_{kw}$.

Se $k = 3$ e $n_1$, $n_2$ e $n_3 \leq 5$, usar a tabela "O" em Siegel (1956, p.283).

Se a probabilidade associada ao valor observado de $V_{kw}$, sob a hipótese nula, for menor ou igual ao nível de significância previamente estabelecido, $\alpha$, rejeitar $H_0$ em favor de $H_1$.

f) Nos demais casos, ou seja, sendo n's maiores que 5, usar tabela de valores críticos de qui-quadrado, com g.l. = $k - 1$. Rejeitar $H_0$ se $V_{kw}$ for igual ou maior que o valor tabelado para $\chi^2$.

### 5.3.2 Análise de variância com duplo critério, segundo Friedman

Trata-se de um teste não paramétrico utilizado quando os dados estão num arranjo de blocos dispostos ao acaso.

Procedimento:

a) Organizar os dados em k colunas (condições) e n linhas (objetos).

Se as condições estão sob estudo, cada linha fornecerá os valores dos objetos sob as k condições.

b) Ordenar os objetos por linhas de 1 a k.

c) Determinar a soma dos valores em postos por coluna ($R_j$).

d) Computar o valor $V_f$:

$$V_f = \frac{12}{nk(k+1)} \sum_{j=1}^{k} (R_j)^2 - 3n(k+1)$$

e) Testar $V_f$ utilizando uma tabela de $\chi^2$ para $k - 1$ graus de liberdade.

### 5.4 Exemplos

Alguns exemplos de aplicação da análise de variância em Geologia podem ser encontrados em trabalhos não muito recentes, mas que todavia ainda não perderam a sua validade, como os de Miller (1949), Krumbein & Miller (1953), Griffiths (1953), Olson & Potter (1954) e Krumbein & Slack (1956). É interessante constatar que já nessa ocasião se procurava aplicar tal metodologia na análise de dados levando-se em conta a sua distribuição espacial.

Exemplos retirados de Till (1974) podem ilustrar a aplicação da análise de variância, segundo dois modelos: com único critério e com duplo critério. Comparação entre lagunas quanto à salinidade.

Tabela 5.6 – Salinidades, partes por mil, para três lagunas em Bimini, Bahamas

| Laguna 1 | Laguna 2 | Laguna 3 |
|---|---|---|
| 37,54 | 40,17 | 39,04 |
| 37,01 | 40,80 | 39,21 |
| 36,71 | 39,76 | 39,05 |
| 37,03 | 39,70 | 38,24 |
| 37,32 | 40,79 | 38,53 |
| 37,01 | 40,44 | 38,71 |
| 37,03 | 39,79 | 38,89 |
| 37,70 | 39,38 | 38,66 |
| 37,36 | | 38,51 |
| 36,75 | | 40,08 |
| 37,45 | | |
| 38,85 | | |
| n = 12 | 8 | 10 |
| $\sum_{j=1}^{n} x = 447,76$ | 320,83 | 388,92 |
| $\sum_{j=1}^{nj} x_j^2 = 16711,03$ | 12868,76 | 15128,23 |
| $\overline{x} = 37,31$ | 40,10 | 38,89 |
| $s^2 = 0,3282$ | 0,2826 | 0,2349 |

Soma total de quadrados (estimativa da variação total)

$$SQT = \sum_{j=1}^{a} \sum_{i=1}^{n} x_{ij}^2 - \frac{\left( \sum_{j=1}^{a} \sum_{i=1}^{n} x_{ij} \right)^2}{\sum_{j=1}^{a} n_j}$$

$$SQT = 44708,02 - \frac{(1157,51)^2}{30} = 48,04$$

Soma de quadrados entre os grupos (estimativa da variação das médias dos grupos em relação à média geral):

$$SQE = \sum_{j=1}^{a} \left[ \frac{\left( \sum_{i=1}^{n} \sum x_{ij}^2 \right)}{n_j} \right] - \left[ \frac{\sum_{j=1}^{a} \sum_{i=1}^{n} x_{ij}}{\sum_{j=1}^{a} n_j} \right]^2$$

$$SQE = \frac{447,76^2}{12} + \frac{320,83^2}{8} + \frac{388,92^2}{10} - 44660,98 = 38,80$$

Soma de quadrados dentro dos grupos (estimativa da variação dos indivíduos dentro de cada um dos grupos em relação às respectivas médias) = erro:

$$SQD = \sum_{j=1}^{a} \sum_{i=1}^{n} x_{ij}^2 - \sum_{j=1}^{a} \left[ \frac{\left( \sum_{i=1}^{n} x_i \right)^2}{n_j} \right] = SQT - SQE$$

$$SQD = 44708,02 - 44699,78 = 8,24$$

Médias quadráticas:

$$MQT = \frac{SQT}{\left( \sum_{j=1}^{a} n_j \right) - 1}$$

$$MQE = \frac{SQE}{a - 1}$$

$$MQD = \frac{SQD}{\sum_{j=1}^{a} n_j - 1}$$

Tabela 5.7 – Análise de variância com único critério

| Fonte de variação | S.Q. | g.l | M.Q. | F | $F_{0,05}$ |
|---|---|---|---|---|---|
| entre grupos | SQE (38,80) | a-1. (2) | MQE (19,40) | MQE | |
| dentre grupos | SDQ (8,24) | $\sum_{j} n_j - 1$ (27) | MQD (0,30) | MDQ (64,67) | 3,36 |
| Total | SQT (47,04) | $\left( \sum n_j \right) - 1$ (29) | MQT | | |

Como $H_0$ foi rejeitada, pois F (= 64,67) é maior que $F_{(0,05;2,27)}$ (= 3,36) a conclusão, com uma chance de erro de 5%, é que a salinidade nos três corpos de água não é a mesma. Esse teste é capaz de apresentar apenas esta conclusão sem indicar se, eventualmente, dois corpos poderiam apresentar a mesma salinidade e diferente de um terceiro. Para tanto, seria necessário outros testes, como o da mínima diferença significativa de Fischer.

- Comparação entre teores de Sr provenientes de amostras de carbonato obtidos a partir de três diferentes métodos.

Tabela 5.8 – Porcentagens de Sr de amostras de carbonato, obtidas a partir de três diferentes métodos: I – fotômetro de chama; II – análise espectrográfica; III – absorção atômica

| Espécimes | Método I | Método II | Método III | Totais (m = 3) |
|---|---|---|---|---|
| 1 | 0,96 | 0,94 | 0,98 | 2,88 |
| 2 | 0,96 | 0,98 | 1,01 | 2,95 |
| 3 | 0,85 | 0,87 | 0,86 | 2,58 |
| 4 | 0,86 | 0,84 | 0,90 | 2,60 |
| 5 | 0,86 | 0,87 | 0,89 | 2,62 |
| 6 | 0,89 | 0,93 | 0,92 | 2,74 |
| Totais (n = 6) | 5,38 | 5,43 | 5,56 | 16,37 |

Soma total de quadrados:

$$SST = \sum_{i=1}^{n} \sum_{j=1}^{m} x_{ij}^2 - \frac{\left[ \sum_{j=1}^{m} \left( \sum_{i=1}^{n} x_{ij} \right) \right]^2}{m \cdot n}$$

$$14,9339 - \frac{(5,38 + 5,43 + 5,56)^2}{18} = 14,9339 - 14,8876 = 0,0463$$

Soma de quadrados por "n" linhas (espécimes):

$$SS1 = \frac{\sum_{i=1}^{n} \left( \sum_{j=1}^{m} x_{ij} \right)^2}{m} - \frac{\left[ \sum_{j=1}^{m} \left( \sum_{i=1}^{n} x_{ij} \right) \right]^2}{m \cdot n}$$

$$\frac{2,88^2 + 2,95^2 + \cdots + 2,74^2}{3} - 14,8876 = 14,9284 - 14,8876 = 0,0408$$

Soma de quadrados por "m" colunas (métodos):

$$SS2 = \frac{\sum\limits_{j=1}^{m}\left(\sum\limits_{i=1}^{n}x_{ij}\right)^2}{n} - \frac{\left[\sum\limits_{j=1}^{m}\left(\sum\limits_{i=1}^{n}x_{ij}\right)\right]^2}{mxn}$$

$$\frac{5,38^2 + 5,43^2 + 5,56^2}{6} - 14,8876 = 1489,05 - 14,8876 = 0,0029$$

Soma de quadrados dos desvios:

$$SSD = SST - SS1 - SS2$$

$$0,0463 - 0,0408 - 0,0029 = 0,0026$$

Tabela 5.9 – Análise de variância com duplo critério

| Fonte de variação | S.Q. | g.l | M.Q. | F | $F_{0,05}$ |
|---|---|---|---|---|---|
| espécimes | SS1 | n – 1 | M1 | M1/ME | 3,33 |
| | (0,0408) | (5) | (0,0082) | (27,33) | |
| métodos | SS2 | m – 1 | M2 | M2/ME | 4,10 |
| | (0,0029) | (2) | (0,0015) | (5,00) | |
| resto (erro) | SSD | (n – 1)(m – 1) | ME | | |
| | (0,0026) | (10) | (0,0003) | | |
| Total | SST | (mxn) – 1 | | | |
| | (0,0463) | (17) | | | |

Neste caso, ambas as hipóteses nulas foram rejeitadas, ao nível de 5%. Isto significa que tanto os teores de Sr são diferentes para os espécimes como os métodos fornecem resultados diferentes.

- Exemplo com enfoque espacial.

Krumbein & Miller (1953) utilizaram a análise de variância para verificar o dimensionamento da rede de amostragem de locais junto ao Lago Michigan em Wilmette (Illinos, Estados Unidos). As amostras foram coletadas segundo o esquema mostrado na Figura 5.1 e a variável estudada foi o teor em umidade.

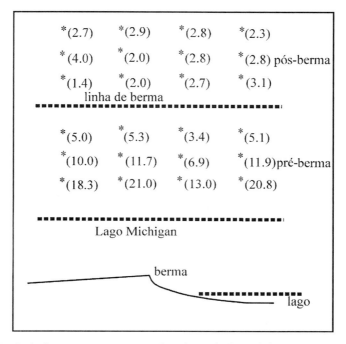

FIGURA 5.1 – Rede de amostragem para a coleta da variável umidade.

É evidente que ocorre uma variação maior entre linhas, paralela à linha da praia, do que entre colunas, perpendicular à linha da praia. Isso pode ser evidenciado por uma análise de variância com duplo critério:

Tabela 5.10 – Análise de variância para amostragem total

| Fonte de variação | S.Q. | g.l. | M.Q. | F's | $F_{(0,05)}$ |
|---|---|---|---|---|---|
| entre linhas | 798,45 | 5 | 159,69 | 56,43 | 2,90 |
| entre colunas | 21,45 | 3 | 7,15 | 2,53 | 3,29 |
| erro | 42,47 | 15 | 2,83 | | |
| Total | 862,37 | 23 | | | |

A razão F para a variação entre linhas apresenta um valor 56,43, o qual, confrontado com o F tabelado com valor igual a 2,90, indica que a $H_0$, que supõe igualdade de valores, deve ser rejeitada e aceita a $H_1$. Quanto à variação entre colunas, a $H_0$ deve ser aceita, pois a razão F encontrada é menor que o valor crítico tabelado. Isso está de acordo com a realidade, pois os valores mais próximos ao lago apresentam teores de umidade maiores do que aqueles distantes.

Há, todavia, um fato geomorfológico nesse esquema de amostragem que não foi levado em consideração na análise, ou seja, a existência da linha de berma. Junto ao lago as ondas atingem o tempo todo a zona de praia até a linha de berma e, além dela, ocasionalmente, apenas durante tempestades. Isso significa que são previsíveis variabilidades diferentes quanto ao teor de umidade quando se considera a praia aquém ou além da linha de berma.

Tabela 5.11 – Análise de variância para amostragem na região pós-berma

| Fonte de variação | S.Q. | g.l. | M.Q. | F's | $F_{(0,05)}$ |
|---|---|---|---|---|---|
| entre linhas | 0,73 | 2 | 0,37 | 0,63 | 5,14 |
| entre colunas | 0,43 | 3 | 0,14 | 0,24 | 4,76 |
| erro | 3,52 | 6 | 0,59 | | |
| Total | 4,68 | 11 | | | |

Tabela 5.12 – Análise de variância para amostragem na região pré-berma

| Fonte de variação | S.Q. | g.l. | M.Q. | F's | $F_{(0,05)}$ |
|---|---|---|---|---|---|
| entre linhas | 373,51 | 2 | 186,76 | 89,06 | 5,14 |
| entre colunas | 47,40 | 3 | 15,80 | 7,53 | 4,76 |
| erro | 12,58 | 6 | 2,10 | | |
| Total | 433,49 | 11 | | | |

Neste caso aceita-se a $H_0$ para a região pós-berma pois os valores de umidade nessa área não apresentam variabilidade significativa. O mesmo não acontece, porém, na região pré-berma onde a variabilidade tanto entre linhas como entre colunas é significativa. Os resultados obtidos sugerem que a rede de amostragem para a região pós-berma poderia ter sido mais espaçada, e aquela para a região pré-berma deveria ser mais densa. É claro que essas considerações dizem respeito apenas à variável estudada, ou seja, o teor em umidade e não se pode garantir que o mesmo seja válido para ou-

tros atributos sedimentares, como por exemplo, tamanho médio dos grãos ou arredondamento das partículas arenosas.
- Outro exemplo com enfoque espacial baseado nos dados já referidos no Capítulo 3, provenientes da jazida de carvão em Sapopema/PR (Cava, 1985), cuja rede de amostragem é apresentada na Figura 5.2.

Nessa jazida, a malha de amostragem, regular, é composta por 38 poços, com espaçamento mínimo de 500 m.

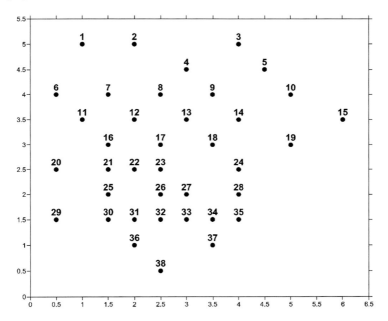

FIGURA 5.2 – Rede de amostragem da jazida de carvão em Sapopema/PR.

A análise de variância, com único critério, pode ser aplicada neste caso, tendo em mente a verificação da configuração espacial da rede de amostragem para a variável espessura. São, então, considerados os valores dessa variável segundo três esquemas de amostragem: $A_1$ com um total de 38 poços, conforme dispostos na Figura 5.2; $A_2$ com um total de 19 poços, com espaçamento de 1 km (no sentido E–W) por 0,5 km (no sentido N–S) e $A_3$ com um total de 18 poços com espaçamento mínimo de 1 x 1 km.

A hipótese de trabalho ($H_0$) posta à prova é que em qualquer dos esquemas considerados a espessura média a ser determinada apresenta sempre os mesmos resultados finais. Se essa hipótese for verdadeira, isso indica que a amostragem foi superestimada, bastando tomar um número menor de amostras para se chegar ao mesmo resultado.

Tabela 10.3 – Valores das três redes de amostragem

| $A_1$ | $A_2$ | $A_3$ |
|---|---|---|
| 0,80 | 0,80 | 0,80 |
| 0,72 | 0,72 | 0,72 |
| 9,69 | 0,69 | 0,69 |
| 0,80 | 0,80 | 1,19 |
| 0,73 | 1,32 | 0,94 |
| 1,19 | 1,02 | 0,96 |
| 0,94 | 1,20 | 1,05 |
| 0,96 | 1,10 | 1,32 |
| 1,05 | 1,18 | 1,30 |
| 1,32 | 1,30 | 1,00 |
| 1,02 | 1,00 | 1,18 |
| 1,20 | 1,30 | 1,40 |
| 1,10 | 1,40 | 1,30 |
| 1,18 | 1,23 | 1,62 |
| 1,30 | 1,30 | 2,09 |
| 1,55 | 1,60 | 1,40 |
| 1,57 | 1,41 | 1,38 |
| 1,30 | 1,04 | 0,55 |
| 1,00 | 1,31 | |
| 1,18 | | |
| 1,40 | | |
| 1,30 | | |
| 1,50 | | |
| 1,40 | | |
| 1,85 | | |
| 1,20 | | |
| 1,23 | | |
| 1,30 | | |
| 1,62 | | |
| 2,09 | | |
| 1,60 | | |
| 1,40 | | |
| 1,41 | | |
| 1,38 | | |
| 1,04 | | |
| 1,31 | | |
| 1,28 | | |
| 0,55 | | |

As estatísticas calculadas para as três amostras consideradas e a respectiva análise de variância são:

|  | Média | Desvio padrão | Assimetria | Curtose |
|---|---|---|---|---|
| $A_1$ | 1,22 | 0,32 | 0,175 | 3,206 |
| $A_2$ | 1,14 | 0,25 | -0,345 | 2,135 |
| $A_3$ | 1,16 | 0,37 | 0,526 | 3,231 |

| Fonte de variação | S.Q. | g.l. | M.Q. | F |
|---|---|---|---|---|
| entre | 0,097 | 2 | 0,049 | 0,47 |
| dentre | 7,369 | 72 | 0,102 | |
| Total | 7,467 | 74 | | |

$H_0$: as espessuras médias, segundo as três amostragens, apresentam resultados idênticos.

$H_1$: as espessuras médias, segundo as três amostragens, não apresentam resultados idênticos.

$F_{(0,05;2,72)} = 3,15$.

Como a razão $F$ encontrada, no valor de 0,475, é menor que o valor crítico tabelado, igual a aproximadamente 3,15, aceita-se a hipótese nula. Isso significa que uma rede de amostragem com dimensão de 1 x 1 km, fornecendo um total de 18 amostras, teria sido suficiente para indicar a espessura média do depósito.

# 6 Análise de regressão

## 6.1 Correlação Linear

Se x e y representam duas variáveis medidas em um certo número de indivíduos, um diagrama de dispersão mostrará a localização dos pontos $(x_i, y_i)$ em um sistema de eixos cartesianos. Se os pontos nesse diagrama se localizarem próximos a uma reta, a relação é dita linear e uma equação linear torna-se apropriada para os fins de análise de correlação entre as duas variáveis, isto é, de estimativa do comportamento de uma variável em relação à outra. Se y tende a aumentar a cada acréscimo de x, a correlação é denominada positiva ou direta, caso contrário, negativa ou inversa. Não ocorrendo correlação linear entre as variáveis ou elas são independentes entre si ou, então, existe entre ambas uma relação não linear. O modelo linear simples, portanto, pode ser utilizado quando se está interessado ou nas relações entre duas variáveis ou mesmo entre dois eventos ou se quer predizer a ocorrência de uma delas ou de um deles em relação ao outro.

### 6.1.1 Coeficiente de correlação linear produto momento, segundo Pearson

O coeficiente de correlação da amostra $r$ (ou $\rho^*$), o qual é uma estimativa do coeficiente de correlação populacional $\rho$, é dado por:

$$r = \frac{cov(x,y)}{[var(x) * var(y)]^{1/2}} = \frac{\dfrac{\Sigma(x_i - \overline{x}) * (y_i - \overline{y})}{n-1}}{\left[\dfrac{\Sigma(x_i - \overline{x})^2}{n-1} * \dfrac{\Sigma(y_i - \overline{y})^2}{n-1}\right]^{1/2}}$$

onde n é o número de pares de valores para $x_i$ e $y_i$, variáveis com distribuição normal, e $\bar{x}$ e $\bar{y}$ são os valores médios para $x_i$ e $y_i$.

Utilizando o método dos mínimos quadrados para o cálculo do coeficiente de correlação, a seguinte fórmula simplificada é empregada:

$$r = \frac{SPXY}{\sqrt{SQX.SQY}}$$

$SPXY = \Sigma xy - (\Sigma x\ \Sigma y) / n$

$SQX = \Sigma x^2 - (\Sigma x)^2 / n$

$SQY = \Sigma y^2 - (\Sigma y)^2 / n$

Valores de r, os quais são medidas adimensionais, podem variar entre $-1$ e $+1$, expressando desde comportamento totalmente inverso até comportamento totalmente direto entre as duas variáveis. Quando r = 0 significa que não há relação linear entre x e y. O valor de 100 $r^2$, expresso em porcentagem, representa a fração da variância total de *x* e *y* explicada pela relação linear, isto é, o ajuste da distribuição dos pontos em relação à reta.

O teste usado para verificar se a correlação é ou não significativa, isto é, $H_0 : \rho = 0$ é o t unicaudal:

$$t = r\sqrt{\frac{n-2}{1-r^2}}, \text{ com } (n-2)\ g.l.;$$

quando *r* é negativo a hipótese alternativa é $H_1 : \rho < 0$;

quando *r* é positivo a hipótese alternativa é $H_1 = \rho > 0$.

### 6.1.2 Coeficiente de correlação não paramétrico, segundo Spearman

É um coeficiente de correlação não paramétrico entre duas variáveis, $x_i$ e $y_i$, utilizado quando as variáveis não possuem distribuição normal (Spearman, 1904). O usual é encontrar a covariância entre variáveis, ou a sua forma padronizada, o coeficiente de correlação linear, também conhecido como "de Pearson". Este coeficiente é livre do efeito da escala de mensuração, o que não acontece com a covariância e, portanto, é o mais utilizado. Todavia, assim como a variância, o coeficiente de correlação linear é fortemente influenciado pela presença de valores anômalos. Desse modo uma medida mais robusta a ser adotada é o coeficiente de correlação não paramétrico, também conhecido como "de Spearman", que considera os valores ordenados por postos (*rank*) e não os valores originais. A constatação de uma grande diferença entre o coeficiente de correlação linear e o coeficiente de correlação por postos reflete tanto uma relação não linear como a presença de pares de valores extremos. Como exemplo são apresentadas as Figuras 6.1 e 6.2. Na primeira, os valores para ambos os coeficientes são muito próximos (0,975 e 0,972), mas com a introdução de dois valores anômalos já se nota uma diferença entre os valores (0,856 e 0,900).

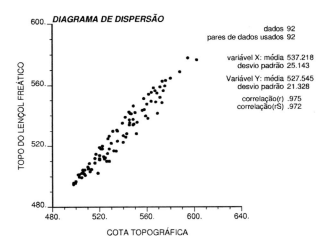

FIGURA 6.1 – Diagrama de dispersão mostrando o relacionamento entre valores de cota topográfica e topo do lençol freático (Sturaro, 1994).

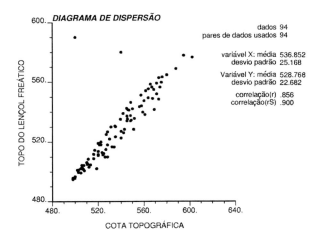

FIGURA 6.2 – Diagrama de dispersão após serem acrescentados dois valores anômalos àqueles da Figura 6.1.

Para o cálculo do coeficiente de correlação não paramétrico, inicialmente $x_i$ e $y_i$ são ordenados segundo os seus valores de posto ($x'i$ e $y'i$) e em seguida encontrados os valores $d_i = x'i - y'i$.

Para que os valores negativos de $d_i$ não cancelem os valores positivos de $d_i$ é determinado para cada caso $d_i^2$. Finalmente encontra-se a somatória dos $d_i^2$.

O coeficiente de correlação será fornecido pela fórmula, onde n é o número de pares $x'_i$ e $y'_i$:

$$r_S = 1 - \frac{6\Sigma d_i^2}{n^3 - n}$$

Na eventualidade de ocorrer muitos casos com valores de posto empatados, usa-se a fórmula:

$$r_S = \frac{\Sigma x'_e + \Sigma y'_e - \Sigma d_i^2}{2\sqrt{\Sigma x'_e \Sigma y'_e}}$$

onde

$$\Sigma x'_e = \frac{n^3 - n}{12} - \Sigma T_x$$

$$\Sigma y'_e = \frac{n^3 - n}{12} - \Sigma T_y$$

$$T = \frac{t^3 - t}{12}$$

$t$ = número de observações repetidas em um determinado posto.

No caso de teste de significância de $r_S$ para amostras pequenas, recorre-se à tabela *P* encontrada em Siegel (1956, p.284). Se o valor de $r_S$ calculado for igual ou maior que o valor tabelado, a hipótese nula de não correlação é rejeitada.

Sendo n maior que 10, usa-se a fórmula:

$$t = r_S \sqrt{\frac{n-2}{1-r_S^2}}$$

O valor t encontrado será comparado com valores de uma tabela de Student com graus de liberdade n – 2.

### 6.1.3 Matriz de coeficientes de correlação

Quando diversas variáveis são medidas em uma amostra e se quer obter os diversos coeficientes de correlação, calcula-se tais coeficientes entre pares de variáveis ou, utilizando-se de cálculo matricial, obtém-se uma matriz de todos os coeficientes de correlação. Para tanto, adotar a seguinte sequência de cálculos:

1. Sendo a amostra constituída, originalmente, por m indivíduos e n variáveis, dispostos na matriz $[x_{ij}]$, em que cada linha i representa um indivíduo e cada coluna j uma variável, encontrar a média e o desvio padrão de cada variável.

$$[X] = \begin{bmatrix} x_{1,1} & x_{1,2} & x_{1,3} & \cdots & x_{1,n} \\ x_{2,1} & x_{2,2} & x_{2,3} & & x_{2,n} \\ x_{3,1} & x_{3,2} & x_{3,3} & & x_{3,n} \\ \vdots & \vdots & \vdots & & \vdots \\ x_{m,1} & x_{m,2} & x_{m,3} & \cdots & x_{m.n} \end{bmatrix}$$

$$\overline{x}_j = \frac{\Sigma\,x_j}{m}\;;\; S_j = \frac{\Sigma\,x_i^2 - \dfrac{(\Sigma\,x_i)^2}{m}}{m-1}\;;\; s_i = \sqrt{s_j^2}$$

2. Encontrar o valor $z_{ij}$ para cada observação:

$$z_{ij} = \frac{x_{ij} - \overline{x}_j}{s_j}$$

A partir daí, constituir a matriz [Z], também de dimensões n×m.

$$[Z] = \begin{bmatrix} z_{1,1} & z_{1,2} & z_{1,3} & \cdots & z_{1,n} \\ z_{2,1} & z_{2,2} & z_{2,3} & & z_{2,n} \\ z_{3,1} & z_{3,2} & z_{3,3} & & z_{3,n} \\ \vdots & \vdots & \vdots & & \vdots \\ z_{m,1} & z_{m,2} & z_{m,3} & \cdots & z_{m.n} \end{bmatrix}$$

3. Encontrar o transposto da matriz [Z]

$$[Z]' = \begin{bmatrix} z_{1,1} & z_{2,1} & z_{3,1} & z_{m,1} \\ z_{1,2} & z_{2,2} & z_{3,2} & z_{m,2} \\ \vdots & \vdots & \vdots & \vdots \\ z_{1,n} & z_{2,n} & z_{3,n} & z_{m,n} \end{bmatrix}$$

4. Multiplicando [Z]' por [Z], encontrar a matriz [V], de dimensões n×n

$$[V] = [Z]' [Z]$$

$$[V] = \begin{bmatrix} v_1^2 & v_1v_2 & \cdots & v_1v_n \\ v_2v_1 & v_2^2 & & v_2v_n \\ \vdots & \vdots & & \vdots \\ v_nv_1 & v_nv_2 & & v_n^2 \end{bmatrix}$$

5. Finalmente, calcular a matriz de coeficientes de correlação, multiplicando o escalar $\dfrac{1}{n-1}$ por [V]

$$[R] = \frac{1}{n-1}[V] = \begin{bmatrix} r_{1,1} & r_{1,2} & \cdots & r_{1,n} \\ r_{2,1} & r_{2,2} & \cdots & r_{2,n} \\ \vdots & \vdots & & \vdots \\ r_{n,1} & r_{n,2} & & r_{n,n} \end{bmatrix}$$

## 6.2 Regressão linear

Após verificado, pelo valor de r, que ocorre uma significante correlação linear entre duas variáveis ($x_i$, $y_i$) há necessidade de quantificar tal relação, o que é feito pela análise de regressão linear. Para tanto, é encontrada a equação de uma reta que, disposta num sistema de eixos cartesianos, com valores de $y_i$ na ordenada e $x_i$ na abscissa, a soma dos quadrados dos desvios verticais dos pontos em relação à ela seja mínima.

O modelo em questão, isto é, a equação da população de retas é:

$$\mu_y = \alpha + \beta x + \varepsilon$$

onde $\mu_y$ é a média de um conjunto de valores $y_i$ para cada $x_i$, $\alpha$ é a interseção, $\beta$ a inclinação e $\varepsilon$ um erro casual, normalmente distribuído que produz a variação do valores de $y_i$ em torno de reta. Desse modo espera-se obter uma série de valores de $y_i$ normalmente distribuídos para cada valor de $x_i$ considerado. A variável x é tida como independente, pois conhecida sem erro, e a variável y é dependente, apresentando um erro casual associado.

A estimativa da reta em uma amostra é fornecida pela fórmula:

$$\overline{y}^*_i = a_0 + a_1 x + e_i,$$

onde $\overline{y}^*_i$ é o valor estimado de $\mu_y$, para um específico valor $x_i$, $a_1$ revela a inclinação da reta, ou seja, o acréscimo ou decréscimo do valor de $\overline{y}^*_i$ em relação à $x_i$; $a_0$ localiza o ponto de interseção da reta em relação ao sistema de coordenadas retangulares. A estimativa da variância de $\varepsilon$ é $S^2$, que mede o quanto as observações desviaram-se da reta estimada.

Utilizando o método dos mínimos quadrados, os valores da equação da reta são determinados por:

$$a_1 = \frac{SPXY}{SQX} \; ; \; a_1 = \overline{y} - b\overline{x}$$

$$\overline{y}^*_i = \frac{\Sigma y^*_i}{n}; \; \overline{x} = \frac{\Sigma x_i}{n}$$

$$S^2 = \frac{1}{n-2}\left(SQY - \frac{(SPXY)^2}{SQX}\right)$$

Intervalos de confiança para $\alpha$:

$$a_0 - t_{(\alpha/2;n-2)}\sqrt{\frac{s^2\Sigma x_i^2}{nSQX}} \; < \; \alpha \; < \; a_0 + t_{(\alpha/2;n-2)}\sqrt{\frac{s^2\Sigma x_i^2}{nSQX}}$$

Intervalos de confiança para $\beta$:

$$a_1 - t_{(\alpha/2;n-2)}\sqrt{\frac{s^2}{SQX}} \; < \; \beta \; < \; a_1 + t_{(\alpha/2;n-2)}\sqrt{\frac{s^2}{SQX}}$$

Intervalos de confiança para $\mu_y$, com vários valores de $y_i$ para um único $x_i$:

$$\overline{y}^* - t_{(\alpha/2;n-2)}S\left[\frac{1}{n} + \frac{(x_i - \overline{x})^2}{SQX}\right]^{1/2} \; < \; \mu_y \; < \; \overline{y}^* + t_{(\alpha/2;n-2)}S\left[\frac{1}{n} + \frac{(x_i - \overline{x})^2}{SQX}\right]^{1/2}$$

Intervalos de confiança para $\mu_y$ com um único valor de $y_i$ para um único $x_i$:

$$\mu_y \pm t_{(\alpha/2;n-2)}s\left[1 + \frac{1}{n} + \frac{(x_i - \overline{x})^2}{SQX}\right]^{1/2}$$

### 6.2.1 Verificação do ajuste de dados ao modelo linear simples

Podem ser definidos três termos que expressam a variação da variável dependente $y_i$:

- soma total de quadrados: $SQT = \overset{n}{\Sigma}(y_i - \overline{y})^2$, esta quantidade dividida por $(n - 1)$ fornece a variância de $y_i$;
- soma de quadrados em decorrência da regressão: $SQR = \overset{n}{\Sigma}(y_{r_i} - \overline{y}_r)^2$
- soma de quadrados em razão dos desvios $= SQD = SQT - SQR =$

$$= \overset{n}{\Sigma}(y_{r_i} - \overline{y}_r)^2$$

O grau de ajuste da linha aos pontos é definido por $R^2 = \dfrac{SQR}{SQT}$ e $100\ R^2$ é a porcentagem da soma total de quadrados de y explicada por x.

$$\sqrt{r^2} = \text{coeficiente de correlação múltiplo}$$

Aplicando uma análise de variância a essas três fontes de variação, o ajuste aos dados do modelo linear simples pode ser verificado:

Tabela 6.1 – Análise de variância para o modelo linear simples

| Fonte de variação | S.Q. | g.l. | M.Q. | F |
|---|---|---|---|---|
| Regressão linear | SQR | 1 | MSR | MSR/MSD |
| Desvio | SQD | $n - 2$ | MSD | |
| Total | SQT | $n - 1$ | | |

$H_0$: variância dos dados estimados pela reta regressão é igual à variância dos dados observados, isto é, não ocorre ajuste significativo da reta.
$H_1$: variância dos dados estimados pela reta regressão é diferente da variância dos dados observados, isto é, ocorre ajuste significativo da reta.

## 6.3 O uso equivocado da análise de regressão linear em Geologia

A análise de regressão linear é, provavelmente, a técnica empregada de modo mais frequente em Geologia, assim como em ciência de um modo geral, porém, infelizmente, na grande maioria dos casos é aplicada sem obedecer a certos pré-requisitos e, portanto, de maneira incorreta.

O uso incorreto dessas técnicas pode ter duas causas. A primeira, decorrente da facilidade com que se tem à disposição *softwares* em calculadoras e computadores, o que leva as pessoas a pensarem que é muito fácil a sua aplicação e a usá-los sem estarem cientes de seus pressupostos. A segunda causa tem origem no fato de que, mesmo obedecendo aos pré-requisitos matemáticos, os resultados da análise são estendidos para limites muito além do permitido, recaindo em conclusões geológicas inadequadas. Instrutivos artigos sobre esse assunto podem ser encontrados em Mann (1987), Troutman & Williams (1987) e Williams & Troutman (1987).

Apenas a título de exemplo são apresentadas duas situações, a primeira referente à aplicação do coeficiente de correlação e a segunda à análise de regressão.

### 6.3.1 Coeficiente de correlação

Em Geologia é comum a existência de variáveis cuja soma é constante, ou seja, em que os dados se apresentam em porcentagem ou em razão, como em distribuições granulométricas, análises químicas, razão arenito/folhelho, razão clásticos/químicos etc. Nestes casos surge o chamado problema de fechamento, que acarreta valores distorcidos para coeficientes de correlação, existindo a respeito diversas técnicas estatísticas para contornar a situação como em Chayes & Kruskal (1966) e Chayes (1971).

A tabela a seguir, adaptada de Krumbein (1962), baseia-se em 81 mensurações provenientes de um sistema aberto com três componentes. Em seguida o sistema foi fechado com a transformação dos dados em porcentagem.

Tabela 6.2 – Dados referentes a 81 mensurações e 3 variáveis

| Itens | Dados abertos | | | Dados abertos | | |
|---|---|---|---|---|---|---|
| | 1 | 2 | 3 | 1 | 2 | 3 |
| média | 80,42 | 14,89 | 5,03 | 78,90 | 15,74 | 5,35 |
| variância | 530,02 | 4,21 | 0,15 | 38,90 | 23,32 | 2,56 |

Tabela 6.3 – Coeficientes de correlação

| r's | Dados abertos | Dados fechados |
|---|---|---|
| $r_{1,2}$ | 0,1426 | -0,9903 |
| $r_{1,3}$ | 0,0095 | -0,9084 |
| $r_{2,3}$ | -0,0251 | 0,8416 |

Os coeficientes de correlação para os dados fechados são todos grandes em magnitude e dois deles são negativos. De acordo com Chayes (1960), nessa situação os coeficientes podem ser previstos em função das variâncias e, num sistema a três componentes $r_{ij}$, podem ser calculados segundo:

$$r_{ij} = \frac{1}{2} \frac{s_k^2 - (s_i^2 + s_j^2)}{s_i s_j},$$

onde k indica o terceiro componente.

Desse modo, o coeficiente de correlação entre as amostras 1 e 2, na presença da amostra 3, é calculado segundo:

$$r_{1,2} = \frac{1}{2} \frac{2,538 - (38,8989 + 23,302)}{(6,2369)(4,8291)} = -0,990$$

Pelo exposto, fica evidente que num sistema fechado os valores numéricos de r são controlados pelas variâncias amostrais, podendo inclusive ser usadas no cálculo e, pelo menos, dois dos coeficientes são negativos. Tais restrições não ocorrem num sistema aberto.

### 6.3.2 Eixo maior reduzido

Quando os requisitos de dependência e conhecimento de uma variável sem erro não podem ser preenchidos deve-se usar, para a análise de regressão linear, entre outros métodos, o do *eixo maior reduzido*. Neste caso, em lugar dos desvios verticais dos pontos em relação à reta, são utilizadas as áreas dos triângulos compreendidas entre os pontos e a reta, de modo a minimizar a soma dessas áreas.

$$y = a_0 + a_1 x,$$

onde $a_1 = \pm (s_y / s_x)$, sendo o sinal de $a_1$ o do correspondente coeficiente de correlação.

$$a_0 = \bar{y} - a_1 \bar{x}$$

Sendo $s_y$ o desvio padrão de y e $s_x$ o desvio padrão de x, $a_1$, pode também ser determinado por:

$$a_1 = \left[ \frac{SQY}{SQX} \right]^{1/2} = \left[ \frac{\Sigma y^2 - (\Sigma y)^2 / n}{\Sigma x^2 - (\Sigma x)^2 / n} \right]^{1/2}$$

Como exemplo é apresentado um estudo geoquímico orientador, utilizando amostras compostas de sedimentos de corrente com granulometria de

100 a 150 *mesh* e profundidade de 40 cm, provenientes de riachos correndo sobre granulitos, e que revelou os seguintes resultados em p.p.m.:

Tabela 6.4 – Valores em p.p.m. de Ni e Cr

| Ni | 5,2 | 5,0 | 6,8 | 7,5 | 2,5 | 5,0 | 7,5 | 7,0 | 8,0 | 4,0 | 4,5 | 5,4 | 8,8 | 18,0 | 6,2 | 20,5 | 10,0 | 4,0 | 4,4 | 15,9 |
|---|---|---|---|---|---|---|---|---|---|---|---|---|---|---|---|---|---|---|---|---|
| Cr | 16,8 | 20,0 | 14,2 | 17,5 | 10,1 | 15,5 | 13,8 | 18,2 | 13 | 15 | 15,5 | 13 | 12,5 | 21,2 | 12,5 | 13,5 | 17,8 | 12,8 | 12,2 | 13,0 |

Aplicando análises de regressão linear a esses dados para Cr como variável independente e em seguida Ni como variável independente, os resultados são:

$$Ni = 2{,}71 + 0{,}34\ Cr$$
$$Cr = 13{,}99 + 011\ Ni$$

Esses resultados, conforme observado na Figura 6,3, fornecem relações diferentes para o comportamento linear entre Ni e Cr. Usando, porém, o método de *eixo maior reduzido* para ambas as situações anteriores, o resultado passa a ser:

$$Ni = -18{,}34 + 1{,}76\ Cr$$
$$Cr = 10{,}40 + 0{,}57\ Ni$$

Tais resultados fornecem as mesmas relações entre Ni e Cr, o que também pode ser observado na Figura 6.3.

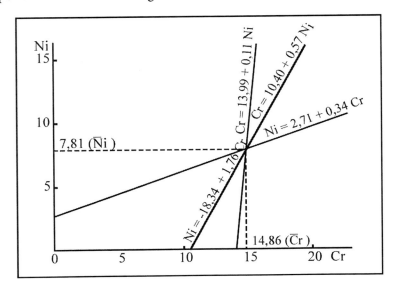

FIGURA 6.3 – Retas resultantes de análises de regressão entre Ni e Cr.

## 6.4 Regressão curvilínea

Após aplicado um teste, como o teste F, para a verificação do ajuste dos dados ao modelo linear, pôde-se constatar que a regressão por esse modelo não foi suficiente para descrever o relacionamento entre duas variáveis. Nesses casos utiliza-se a chamada *análise de regressão curvilínea*. Existem para esse propósito diversas equações de aproximação, porém, o método mais comum usa expansão polinomial de forma geral:

$$Y^* = a_0 + a_1 X + a_2 X^2 + a_3 X^3 + \dots$$

Nessa expressão ocorrem potências crescentes de $x_i$, a variável independente, e um específico coeficiente de regressão para cada potência de $x_i$. Se estão envolvidos apenas os termos $x_i$ e $x_i^2$, uma parábola com um único ponto de inflexão será construída. Conforme sejam adicionadas potências crescentes de $x_i$ a curva tornar-se-á mais e mais complexa, numa tentativa de se encaixarem os pontos que representam o relacionamento entre as duas variáveis.

A utilização da regressão polinomial é um processo por etapas (*stepwise*), sendo cada incremento de potência de $x_i$ testado, por uma análise de variância, para verificar a melhoria no ajuste da curva aos dados. Como os novos termos potenciais de $x_i$ não podem ser simplesmente adicionados, para cada caso, um novo cálculo deve ser efetuado.

O modelo para a regressão polinomial de grau $k$ é

$$Y = \alpha_0 + \alpha_1 X_i + \alpha_2 X_i^2 + \ \dots \ + \alpha_k X_i^k + \varepsilon$$

Para o cálculo dos coeficientes de regressão $\alpha$ é necessário a solução de um sistema de equações simultâneas, o que é feito por cálculo matricial.

$$[X] = \begin{bmatrix} n & \Sigma x_i & \Sigma x_i^2 & \cdots & \Sigma x_i^k \\ \Sigma x_i & \Sigma x_i^2 & \Sigma x_i^3 & \cdots & \Sigma x_i^{k+1} \\ \vdots & \vdots & \vdots & & \vdots \\ \Sigma x_i^k & \Sigma x_i^{k+1} & \Sigma x_i^{k+2} & \cdots & \Sigma x_i^{k+k} \end{bmatrix}$$

$$[Y] = \begin{bmatrix} \Sigma y_i \\ \Sigma y_i x_i \\ \Sigma y_i x_i^2 \\ \vdots \\ \Sigma y_i x_i^k \end{bmatrix} \qquad [\hat{a}] = \begin{bmatrix} \hat{a}_0 \\ \hat{a}_1 \\ \vdots \\ \hat{a}_k \end{bmatrix}$$

As estimativas dos coeficientes de regressão, â, são fornecidas por

$$[\hat{a}] = [X]^{-1}[Y]$$

No caso específico em que a variável $X$ se apresenta segundo intervalos iguais utiliza-se, para o cálculo dos coeficientes de regressão, polinômios ortogonais que se encontram em tabelas, como em DeLury (1950).

## 6.5 Regressão múltipla

As relações entre duas variáveis x, considerada independente, e y, considerada dependente, podem ser representadas num diagrama de dispersão, com os valores de $y_i$ em ordenada e os de $x_i$ em abscissa. Cada par de valores $x_i$ e $y_i$ fornecerá um ponto e utilizando, por exemplo, o método dos mínimos desvios ao quadrado, pode-se calcular a equação de uma curva de tendência que melhor se ajuste à nuvem de distribuição. O método mais simples que pode ser adotado é o da análise de regressão linear simples, que fornece a equação de uma reta:

$$y_i = \alpha + \beta x_i + \varepsilon_i,$$

onde $\alpha$ e $\beta$ são constantes desconhecidas a serem determinadas e $\varepsilon_i$ representa toda a fonte de variabilidade em y não explicada por x.

Não é raro, porém, que o termo $\varepsilon_i$ seja numericamente mais importante que a explicação motivada pela variável x, significando que outras variáveis devem ser incorporadas ao modelo a fim de explicar o comportamento de y. Nesse caso, o modelo exige uma *análise de regressão linear múltipla*.

A regressão múltipla é usada, portanto, para testar dependências cumulativas de uma única variável dependente em relação às diversas variáveis independentes. Cada variável é isolada e mantida constante enquanto as variáveis restantes variam sistematicamente, sendo observados os seus efeitos sobre a variável dependente. A variável a ser inicialmente mantida constante é aquela que ocasiona a maior influência na variabilidade da variável dependente.

O modelo geral é representado por

$$y_i = \alpha_0 + \alpha_1 x_{1i} + \cdots + \alpha_m x_{mi} + \varepsilon_i$$

A condição inicial, como na regressão linear simples, é descrita por

$$y = a_0 + a_1 x_1 + e_1,$$

onde $x_i$ é a variável independente, responsável pela maior variabilidade, $\alpha_0$ e $a_1$ são os coeficientes e $e_1$ é o erro, isto é, a variabilidade em y não explicada pela relação linear.

A variável que, em seguida, mais reduz a variabilidade do erro é em sequência adicionada de tal modo que

$$y = b_0 + b_1 x_1 + b_2 x_2 + e_2,$$

sendo $b_0$, $b_1$ e $b_2$ calculados e $e_2 < e_1$.

O processo segue por etapas até que o comportamento de todas as variáveis independentes em relação à dependente seja verificado. Os coeficientes $a_i$ (ou $b_i$) são conhecidos como parciais de regressão porque cada um deles fornece a taxa de mudança na variável dependente, correspondente à respectiva variável independente, mantendo constantes as demais variáveis independentes.

Conforme já visto, a equação que representa a relação linear entre uma variável dependente $y_i$ e uma única variável independente $x_i$ é:

$$Y_i = a_0 + a_1 x_i$$

As equações normais que fornecem os valores de $\alpha_0$ e $\alpha_1$ são:

$$\sum y_i - a_0 n + a_1 \sum x_i^2 = 0$$

$$\sum x_i y_i + a_0 \sum x_i + a_1 \sum x_i^2 = 0$$

Essas duas equações constituem um par de equações normais a duas incógnitas, as quais podem ser resolvidas para a obtenção dos coeficientes, por cálculo matricial, segundo:

$$[X][A] = [Y]$$

Multiplicando ambos os termos da equação pelo inverso de [X], isto é, $[X]^{-1}$:

$$[X]^{-1}[X][A] = [X]^{-1}[Y] \, ;$$

como $[X]^{-1}[X] = [I]$ (matriz de identidade) e $[I][A] = [A]$,

$$[A][X]^{-1} = [Y]$$

Por extensão, a análise de regressão linear múltipla de quaisquer m variáveis independentes sobre uma variável dependente, sendo expressa por:

$$Y_i = a_0 + a_1 X_{1i} + a_2 X_{2i} + \cdots + a_m X_{mi},$$

e resolvida segundo:

$$
\begin{bmatrix}
n & \sum x_{1i} & \cdots & \sum x_{mi} \\
\sum x_{1i} & \sum x_{1i}^2 & \cdots & \sum x_{1i} x_{mi} \\
\sum x_{2i} & \sum x_{2i} x_{1i} & \cdots & \sum x_{2i} x_{mi} \\
\vdots & & & \\
\sum x_{mi} & \sum x_{mi} x_{1i} & \cdots & \sum x_{mi}^2
\end{bmatrix}
\begin{bmatrix}
a_0 \\ a_1 \\ a_2 \\ \\ a_m
\end{bmatrix}
=
\begin{bmatrix}
\sum y_i \\ \sum x_{1i} y_i \\ \sum x_{2i} y_i \\ \\ \sum x_{mi} y_i
\end{bmatrix}
$$
$$\quad\quad [X] \quad\quad\quad\quad\quad [A] \quad\quad [Y]$$

$$[A] = [X]^{-1}[Y]$$

Uma das mais importantes aplicações da análise de regressão múltipla é a escolha, entre diversas variáveis independentes, daquelas mais úteis na previsão de $y$.

A variância total de y é em parte *explicada* pelas diversas variáveis x's e o restante pela variabilidade devida ao erro $(\varepsilon_1)$. É claro que o termo *explicada* tem apenas um significado numérico não implicando necessariamente um conhecimento sobre o porquê da relação existente.

Os tamanhos relativos dessas duas componentes de variância são obviamente de grande interesse durante a aplicação da análise de regressão múltipla. A proporção da variância dos $y$ observados *explicada* por uma equação de regressão ajustada é representada pelo coeficiente de determinação $R^2$.

$$
R^2 = \frac{(\text{variância y explicada pela análise de regressão})}{(\text{variância total})} = \frac{S_{y^*}^2}{S_y^2}
$$

Valores de $R^2$ irão dispor-se no intervalo 0-1, fornecendo uma medida dimensional de quantidade do ajuste do modelo de regressão múltipla aos dados. Se o valor de $R^2$ for próximo de 1, isso significa que as diversas variáveis x's medidas são responsáveis quase que totalmente pela variabilidade de y; caso contrário, $R^2$ apresentará um valor próximo a 0 (zero). Como os coeficientes de regressão são parciais, devem ser obtidas as porcentagens explicadas da soma de quadrados de y segundo $2^k - 1$ combinações, onde k é o número de variáveis independentes. Finalmente, verifica-se a contribuição pura de cada variável independente por comparações sucessivas entre os diversos resultados.

Outra maneira para a ordenação das variáveis pela sua importância na previsão da variável dependente é a padronização dos coeficientes de re-

114

gressão parciais, convertendo-os em unidades de desvio padrão, $B_k$ (Li, 1964, p, 136):

$$B_k = b_k \frac{S_{xk}}{S_Y},$$

onde $b_k$ = coeficiente de regressão parcial; $S_{xk}$ = desvio padrão de $X_k$; $S_y$ = desvio padrão de y. Pela comparação direta dos $B_k$ determinam-se as variáveis mais eficientes. O exemplo a seguir ilustra a aplicação da análise de regressão múltipla,

Dawson & Whitten (1962), num estudo petrográfico sobre o complexo granítico de Lacorne, La Motte e Preissac no Canadá, obtiveram valores para *peso específico, quartzo, índice de cor* (*porcentagem de silicatos escuros*), *feldspato total,* e as *coordenadas N-S e E-W* de cada ponto de amostragem (Tabela 6.5).

Para verificar se o *peso específico* pode ser previsto em função das outras cinco variáveis, aplica-se a *análise de regressão múltipla* para a indicação das variáveis por ordem de importância nessa previsão.

Tabela 6.5 – Variáveis Y e X's para o exemplo considerado

| P. E. (Y) | Quartzo (X1) | Cor (X2) | Feldspato (X3) | NS (X4) | EW (X5) |
|---|---|---|---|---|---|
| 2,63 | 21,3 | 5,5 | 73,0 | 0,92 | 6,09 |
| 2,64 | 38,9 | 2,7 | 57,4 | 1,15 | 3,62 |
| 2,64 | 26,1 | 11,1 | 62,6 | 1,16 | 6,75 |
| 2,63 | 29,3 | 6 | 63,6 | 1,3 | 3,01 |
| 2,64 | 24,5 | 6,6 | 69,1 | 1,4 | 7,40 |
| 2,61 | 30,9 | 3,3 | 65,1 | 1,59 | 8,63 |
| 2,63 | 27,9 | 1,9 | 69,1 | 1,75 | 4,22 |
| 2,63 | 22,8 | 1,2 | 76,0 | 1,82 | 2,42 |
| 2,65 | 20,1 | 5,6 | 74,1 | 1,83 | 8,84 |
| 2,69 | 16,4 | 21,3 | 61,7 | 1,855 | 10,92 |
| 2,67 | 15,0 | 18,9 | 65,6 | 2,01 | 14,22 |
| 2,83 | 0,6 | 35,9 | 62,5 | 2,04 | 10,60 |
| 2,7 | 18,4 | 16,6 | 64,9 | 2,05 | 8,32 |
| 2,68 | 19,5 | 14,2 | 65,4 | 2,21 | 8,06 |
| 2,62 | 34,4 | 4,6 | 60,7 | 2,27 | 2,73 |
| 2,63 | 26,9 | 8,6 | 63,6 | 2,53 | 3,5 |
| 2,61 | 28,7 | 5,5 | 65,8 | 2,62 | 7,44 |
| 2,62 | 28,5 | 3,9 | 67,8 | 3,025 | 5,06 |
| 2,61 | 38,4 | 3,0 | 57,6 | 3,06 | 5,42 |
| 2,63 | 28,1 | 12,9 | 59 | 3,07 | 12,55 |

Continuação

| P. E. (Y) | Quartzo (X1) | Cor (X2) | Feldspato (X3) | NS (X4) | EW (X5) |
|---|---|---|---|---|---|
| 2,63 | 37,4 | 3,5 | 57,6 | 3,12 | 12,13 |
| 2,78 | 0,9 | 22,9 | 74,4 | 3,4 | 15,4 |
| 2,76 | 8,8 | 34,9 | 55,4 | 3,52 | 9,91 |
| 2,63 | 16,2 | 5,5 | 77,6 | 3,61 | 11,52 |
| 2,74 | 2,2 | 28,4 | 69,3 | 4,22 | 16,4 |
| 2,64 | 29,1 | 5,1 | 65,7 | 4,25 | 11,43 |
| 2,7 | 24,9 | 6,9 | 67,8 | 4,94 | 5,91 |
| 2,63 | 39,6 | 3,6 | 56,6 | 5,04 | 1,84 |
| 2,71 | 17,1 | 11,3 | 70,9 | 5,06 | 11,76 |
| 2,84 | 0 | 47,8 | 52,2 | 5,09 | 16,43 |
| 2,68 | 19,9 | 11,6 | 67,2 | 5,24 | 11,33 |
| 2,84 | 1,2 | 34,8 | 64 | 5,32 | 8,78 |
| 2,74 | 13,2 | 18,8 | 67,4 | 5,32 | 13,73 |
| 2,74 | 13,7 | 21,2 | 64,0 | 5,33 | 12,45 |
| 2,61 | 26,1 | 2,3 | 71,2 | 5,35 | 1,43 |
| 2,63 | 19,9 | 4,1 | 76,0 | 5,61 | 4,15 |
| 2,77 | 4,9 | 18,8 | 74,3 | 5,85 | 13,84 |
| 2,72 | 15,5 | 12,2 | 69,7 | 6,46 | 11,66 |
| 2,83 | 0 | 39,7 | 60,2 | 6,59 | 14,64 |
| 2,77 | 4,5 | 30,5 | 63,9 | 7,26 | 12,81 |
| 2,92 | 0 | 63,8 | 35,2 | 7,42 | 16,61 |
| 2,77 | 4 | 24,1 | 71,8 | 7,91 | 14,65 |
| 2,79 | 23,4 | 12,4 | 63,1 | 8,47 | 13,33 |
| 2,69 | 29,5 | 9,8 | 60,4 | 8,74 | 15,77 |

Inicialmente é feita uma análise de regressão levando em consideração todas as cinco variáveis, consideradas independentes, e uma análise de variância para verificar a validade do modelo.

A equação encontrada é:

Y = 4,0607 –0,0158 X 1 –0,0106 X 2 –0,0143 X 3 + 0,0080 X 4 – 0,0006 X 5,
com $R^2$ = 0,9177.

| Fonte de variação | g.l. | Soma de quadrados | Médias quadráticas | Razão F |
|---|---|---|---|---|
| Modelo | 5 | 0,249 | 0,050 | 50,0 |
| Resíduos | 38 | 0,022 | 0,001 | |
| Total | 43 | 0,271 | | |

Este resultado mostra que as cinco variáveis explicam 92% da variabilidade de Y e que o modelo pode ser aceito, já que o teste F indica que essas variáveis reduzem significativamente a variação da variável dependente.

O interesse, porém, é verificar a contribuição pura de cada variável, já que há relações entre elas que interferem nos resultados (Tabela 6.6).

Tabela 6.6 – Matriz de coeficientes de correlação (*Pearson*)

| | Peso spc. | Quartzo | Cor | Feldspato | NS | EW |
|---|---|---|---|---|---|---|
| Peso spc. | 1 | -0,853 | 0,917 | -0,369 | 0,571 | 0,684 |
| Quartzo | -0,853 | 1 | -0,840 | -0,011 | -0,389 | -0,663 |
| Cor | 0,917 | -0,840 | 1 | -0,532 | 0,403 | 0,655 |
| Feldspato | -0,369 | -0,011 | -0,532 | 1 | -0,147 | -0,185 |
| NS | 0,571 | -0,389 | 0,403 | -0,147 | 1 | 0,526 |
| EW | 0,684 | -0,663 | 0,655 | -0,185 | 0,526 | 1 |

Para tanto devem-se, inicialmente, encontrar os coeficientes $R^2$s referentes às variáveis independentes, uma de cada vez e, em seguida, combinadas duas a duas, três a três e quatro a quatro. O número total de combinações obtido por esse procedimento é da ordem de $2^5 - 1$, isto é, 31. A seguir encontram-se aquelas que apresentam os maiores resultados:

| Variáveis | $R^2$s |
|---|---|
| **Cor** | **0,8404** |
| Quartzo | 0,7277 |
| EW | 0,4673 |
| NS | 0,3258 |
| Feldspato | 0,1364 |
| **Cor+NS** | **0,8887** |
| Quartzo+Feldspato | 0,8711 |
| Cor+Quarzto | 0,8640 |
| Cor+Feldspato | 0.8600 |
| Cor+EW | 0,8526 |
| Quartzo+NS | 0,7950 |
| Quartzo+EW | 0,7526 |
| **Quartzo+NS+Feldspato** | **0,9111** |
| Cor+NS+Quartzo | 0,9061 |
| Cor+NS+Feldspato | 0,9034 |
| Cor+NS+EW | 0,8896 |
| Quarzto+EW+Felspato | 0,8750 |
| Cor+Quarzto+Feldspato | 0,8815 |
| Cor+Quartzo+EW | 0,8690 |
| Quartzo+NS+EW | 0,7988 |
| **Cor+NS+Feldspato+Quartzo** | **0,9172** |
| Cor+NS+Quartzo+EW | 0,9061 |
| **Cor+NS+Quartzo+Feldspato+EW** | **0,9177** |

A contribuição pura de cada variável independente, com vistas ao seu ordenamento por importância, é encontrada da seguinte maneira: a variável *cor* é a primeira a ser selecionada com 84,04% do total da soma de quadrados de Y a ela atribuída; em seguida se apresentam *cor+NS* com 88,87%; desse modo, a variável *NS* é escolhida com a contribuição de 88,87 – 84,04 = 4,83% para a explicação de Y; de maneira idêntica *feldspato* é escolhido como a terceira variável com 2,24%, resultado de 91,11 – 88,87, e *quartzo*, como a quarta variável, com 0,61%, resultado de 91,72 – 91,11, e, finalmente, *EW* com 0,05%. Desse modo, o comportamento da variável *peso específico* é explicado em:

- 84,04% pela cor
- 4,83% por NS (88,87 – 84,04 = 4,83)
- 2,24% por feldspato (91,11 – 88,87 = 2,24)
- 0,61% por quartzo (91,72 – 91,11 = 0,61)
- 0,05% por EW (91,77 – 91,72 = 0,05)

Esses resultados indicam que, para a explicação do comportamento do peso específico, a variável mais importante é a cor, o que é coerente pois essa variável nada mais é que o resultado da presença de minerais máficos. Além disso, como a segunda variável em importância é a coordenada NS isso também indica que a variabilidade do peso específico ocorre mais ao longo dessa direção do que no sentido EW.

Como se tem à disposição as coordenadas, o que não é muito comum nesse tipo de análise, pode-se examinar o comportamento espacial das três variáveis – quartzo, feldspato e cor – em confronto com a distribuição do peso específico. Os resultados podem ser observados nas Figuras 6.4 e 6.5, respectivamente.

Novamente é constatada, por comparação visual entre os mapas, a correlação, neste caso espacial, entre peso específico e cor. Também pode-se observar a maior variabilidade no sentido norte-sul para o peso específico e a relação inversa entre essa variável e o quartzo, como já indicado pelo coeficiente de correlação.

Tal estudo numa área-piloto permite definir as variáveis mais relevantes, possibilitando, com isso, otimizar a malha de amostragem e, consequentemente, reduzir os custos e o tempo de análise, pois serão enfocadas apenas aquelas variáveis mais importantes.

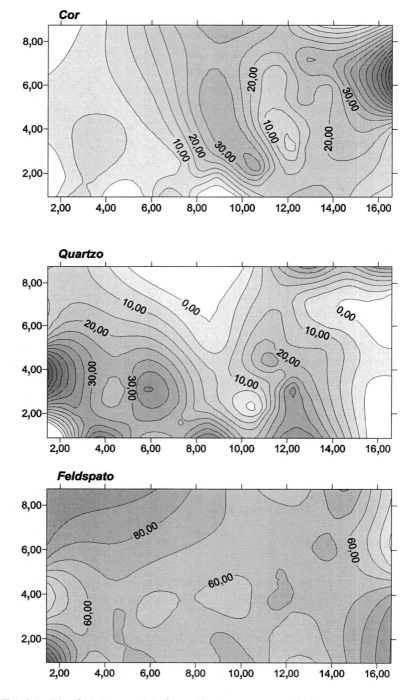

FIGURA 6.4 – Distribuições espaciais das variáveis cor, quartzo e feldspato.

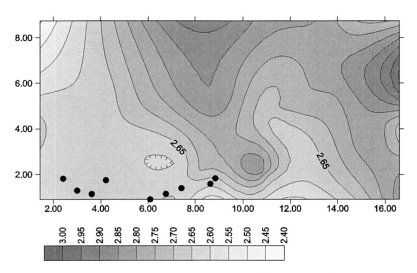

FIGURA 6.5 – Distribuição espacial da variável peso específico e pontos de amostragem.

# 7 Análise de dados vetoriais

Um grande número de atributos geológicos pode ser representado por linhas ou planos e a sua medida resulta em dados angulares que consistem em azimutes no plano horizontal e azimutes mais ângulo de mergulho no espaço tridimensional. A representação gráfica dessas propriedades vetoriais é muito comum nas Ciências da Terra, mas o mesmo não pode ser dito quando se trata da análise estatística desses dados.

Embora um plano seja representado pela sua direção e mergulho, facilmente pode-se determinar uma linha perpendicular a ele e, em consequência, análises estatísticas de conjuntos de dados para linhas e planos tornam--se análogas. Exemplos de observações angulares são direção e mergulho de camadas; planos de xistosidade, de clivagem, de fraturas ou de falhas; mergulhos de estratificações cruzadas, orientação de marcas onduladas assimétricas, orientação de fósseis alongados, imbricação de seixos, direção de minerais magnetizados em rochas etc.

Dados de azimutes podem ser graficamente dispostos em diversos tipos de diagramas de rosácea (Potter & Pettijohn, 1963) e linhas vetoriais no espaço podem ser projetadas na superfície de uma esfera e representadas em diagramas como o de Schmidt-Lambert, de igual área, ou de Wulff, de igual ângulo. Sumários sobre esses métodos gráficos podem ser encontrados em Vistelius (1966), Stauffer (1966) e Phillips (1972). Alguns livros--textos de geologia estrutural também contêm metodologia a respeito desse assunto (Whitten, 1966; Ramsay, 1967). Saída gráfica para dados vetoriais com a respectiva análise estatística, por computador, pode ser encontrada em Bonyun & Stevens (1971), Carneiro (1996) e Baas (2000). Dentre os textos que tratam especificamente da análise estatística de dados direcionais podem ser citados os de Fischer (1953), Pincus (1956), Steinmetz (1962), Irving (1964), Watson (1966 e 1970), Jones (1968), Rao & Sengupta (1970) e Schuenemeyer (1984). Os livros-textos de Koch & Link (1971, Cap.10.7), Agterberg (1974, Cap.14) e Davis (1986, Cap.5) dedicam espaço ao tema. Mardia (1972) escreveu um importante livro sobre esse assunto, apresentando posteriormente uma revisão a respeito em 1975.

## 7.1 Dados vetoriais no espaço a duas dimensões

Medidas angulares são sempre obtidas em função de uma origem arbitrária, enquanto observações de dados escalares, por outro lado, têm uma referência definida e, assim, a teoria estatística baseada em escalas numéricas lineares nem sempre pode ser aplicada às medidas angulares. Na Figura 7.1 encontra-se uma situação típica com medidas vetoriais, no plano, que necessita de uma análise específica para determinar a presença, ou não, de um padrão regional de orientação.

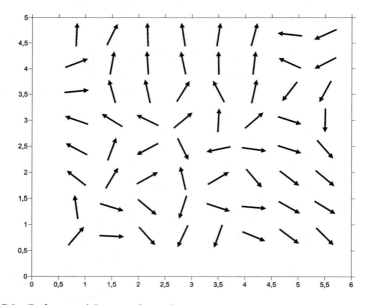

FIGURA 7.1 – Dados vetoriais com orientação.

Nesse caso, o estudo estatístico dos dados angulares baseia-se na chamada distribuição circular normal em que se procura verificar se a distribuição estudada é uniformemente distribuída em um círculo, tendo como ponto de origem o seu centro, ou não. Se a distribuição não for uniforme, haverá concentração de observações em torno de uma direção preferencial, ou seja, em torno de um vetor médio. O caso mais simples é o da distribuição circular unimodal, na qual predomina apenas uma direção preferencial e, em situações mais complexas, ocorre uma distribuição polimodal, predominando duas ou mais direções preferenciais.

A teoria referente à análise de dados vetoriais baseia-se fundamentalmente na distribuição de Von Mises:

$$f(\theta; \mu_0, \kappa) = \exp[\kappa(\cos\theta - \mu))] / (2\pi I_0(\kappa)),$$

onde $I_0(\kappa)$ é a função de Bessel de primeira classe e ordem 0 (zero); $\mu_0$ a direção e $\kappa$ o parâmetro de concentração que mede a variabilidade.

Quando $\kappa = 0$, a distribuição de Von Mises torna-se circular uniforme.

$$f(\theta; \mu_0, 0) = 1 / 2\pi, \text{ onde } I_0 = 1.$$

A distribuição circular normal é condicionada em sedimentação, por exemplo, pelos fatores que atuam durante o processo sedimentar, o qual é controlado pelo fluxo de corrente. Assim sendo, os elementos presentes são geralmente orientados de uma maneira específica pelo fluxo, no entanto, flutuações na velocidade da corrente, irregularidades no fundo, efeitos por perturbações etc., causam dispersões nas orientações dominantes no acamamento. Por isso, quando colocadas em histogramas ou diagramas de roseta, as observações encontradas mostram uma gama bastante variada de direções. Mesmo assim, essa distribuição deve ser provavelmente simétrica, essencialmente unimodal, obedecendo a uma disposição circular normal, e a moda tenderá a situar-se perto da verdadeira direção do movimento da corrente, pois o agrupamento das direções observadas em torno da moda é decorrente de que, embora haja desvios, a corrente tende a orientar os elementos segundo um mesmo sentido.

A forma gráfica mais usual para a representação desses dados é o histograma de frequências circular, mais conhecido como diagrama em rosácea, que deve ser construído corretamente para evitar conclusões distorcidas. Nos diagramas em rosácea as frequências dos dados vetoriais, em classes azimutais predefinidas, devem ser plotadas como setores de círculos com uma origem comum. Isto significa que sua construção deve ser de tal modo que a área de cada setor circular seja proporcional à frequência, ou densidade, dos dados que representa. O uso de escalas de frequências baseado na comparação entre comprimentos pode apontar para direções preferenciais numa situação com distribuição circular uniforme e conduzir, desse modo, a falsas interpretações, ainda mais se não for acompanhado de testes estatísticos específicos (Nemec, 1988). Além disso, tem-se que distinguir entre feições apenas com direção, com azimutes no intervalo de 0° a 180°, e feições com orientação, no intervalo entre 0° e 360° (Figuras 7.2 e 7.3).

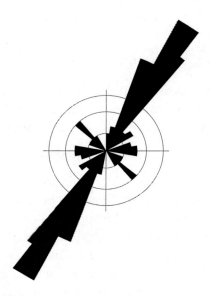

FIGURA 7.2 – Distribuição semicircular de azimutes.

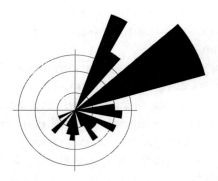

FIGURA 7.3 – Distribuição circular de azimutes.

Em razão da natureza angular dos dados direcionais, para a sua somatória em uma amostra, tendo sido medidos n ângulos $A_i$, encontram-se preliminarmente os cos $A_i$ e sen $A_i$, e os componentes do vetor médio da amostra é calculado segundo:

$$\overline{C} = \frac{1}{n} \Sigma \cos A_i$$

$$\overline{S} = \frac{1}{n} \Sigma \operatorname{sen} A_i$$

A divisão da soma algébrica dos senos ($\overline{S}$) pela soma algébrica dos cossenos ($\overline{C}$) fornecerá um valor ($\overline{A}$), e o vetor médio ou direção do vetor resultante ($\overline{V}$) é calculado pela fórmula:

$\overline{V} = \arctan \overline{A}$, se tanto $\overline{V}$ como $\overline{S}$ forem $> 0$
$\overline{V} = \overline{V} + \pi$, se $\overline{C} < 0$
$\overline{V} = \overline{V} + 2\pi$, se $\overline{S} < 0$ e $\overline{C} > 0$

A magnitude, isto é, o comprimento do vetor resultante é dado pela fórmula:

$$\overline{R} = \sqrt{\overline{C}^2 + \overline{S}^2}$$

e a razão de consistência ($\overline{R}$), pela fórmula $\overline{R} = R / n$.

O vetor médio ($\overline{V}$) indica a direção preferencial existente; R é uma medida do comprimento do vetor resultante, e $\overline{R}$ é uma medida de concentração dos valores em torno do vetor médio e terá valores entre 0 e 1. Quanto maior R, maior será a probabilidade de não uniformidade presente ou de concentração de valores.

Para verificar a hipótese nula ($H_0$) de uma distribuição uniformemente distribuída, isto é, sem presença de uma direção preferencial, contra a hipótese alternativa ($H_1$) de unimodalidade, como é difícil determinar $\kappa_i$ diretamente, compara-se o valor $\overline{R}$ calculado com estimadores de $\kappa_i$ encontrados em tabelas (Gumbel et al., 1953). Se as observações provêm de uma distribuição circular uniforme, o valor de $\overline{R}$ deverá ser pequeno e aceita-se a hipótese nula; se for igual ou maior que o valor crítico da tabela, a hipótese é rejeitada e pode-se presumir que há uma orientação preferencial.

Quando num conjunto de dados a extensão dos valores é relativamente pequena, usa-se uma aproximação da distribuição normal. Assim, no exemplo retirado de Strahler (1954) Tabelas 7.1 e 7.2:

**Tabela 7.1 – Ângulos de inclinação de vertentes em graus: distribuição normal**

| | Ângulos de inclinação de vertentes (graus) | |
|---|---|---|
| classes | ponto médio | frequência |
| 22 – 24 | 23 | 5 |
| 24 – 26 | 25 | 3 |
| 26 – 28 | 27 | 14 |
| 28 – 30 | 29 | 12 |
| 30 – 32 | 31 | 21 |
| 32 – 34 | 33 | 9 |
| 34 – 36 | 35 | 17 |
| 36 – 38 | 37 | 12 |
| 38 – 40 | 39 | 4 |
| 40 – 42 | 41 | 3 |
| | | 100 |

$\bar{x} = 31,82° = \bar{V}; \quad s^2 = 19,48; \quad s = 4,41$

Os mesmos dados tratados, como uma distribuição circular normal, fornecem resultado idêntico, em razão da pequena variabilidade dos valores:

**Tabela 7.2 – Ângulos de inclinação de vertentes em graus: distribuição circular normal**

| classes | ponto médio | frequência | $\operatorname{sen} x_i$ | $\cos x_i$ | $f_i \operatorname{sen} x_i$ | $f_i \cos x_i$ |
|---|---|---|---|---|---|---|
| 22 – 24 | 23 | 5 | 0,3907 | 0,9205 | 1,9535 | 4,6025 |
| 24 – 26 | 25 | 3 | 0,4226 | 0,9063 | 1,2678 | 2,7189 |
| 26 – 28 | 27 | 14 | 0,4540 | 0,8910 | 6,3560 | 12,4740 |
| 28 – 30 | 29 | 12 | 0,4848 | 0,8746 | 5,8176 | 10,4952 |
| 30 – 32 | 31 | 21 | 0,5150 | 0,8572 | 10,8150 | 18,0012 |
| 32 – 34 | 33 | 9 | 0,5446 | 0,8387 | 4,9014 | 7,5483 |
| 34 – 36 | 35 | 17 | 0,5736 | 0,8192 | 9,7512 | 13,9264 |
| 36 – 38 | 37 | 12 | 0,6018 | 0,7986 | 7,2216 | 9,5832 |
| 38 – 40 | 39 | 4 | 0,6293 | 0,7771 | 2,5172 | 3,1084 |
| 40 – 42 | 41 | 3 | 0,6561 | 0,7547 | 1,9683 | 2,2641 |
| | | 100 | 5,2725 | 8,4379 | 52,5696 | 84,7222 |

$\Sigma f_i \operatorname{sen} x_i = 52,5696; \quad \Sigma f_i \cos x_i = 84,7222; \quad n = \Sigma f_i = 100$

$$\frac{\Sigma f_i \operatorname{sen} x_i}{\Sigma f_i \cos x_i} = 0,620$$

$$\bar{V} = \arctan 0,620 = 31,8°$$

Dados referentes à direção, ou seja, sem orientação, precisam ser modificados antes da obtenção das direções médias e medidas de dispersão. Como toda medida pode ser expressa em sentidos opostos, alguma convenção deve ser estipulada a fim de se evitarem resultados errôneos. Para essa situação, Krumbein (1939) propôs uma interessante solução. Se todas as medidas com orientação forem dobradas, os mesmos ângulos são registrados, independentemente do sentido da feição medida. Assim, se um plano qualquer tem direção nordeste–sudoeste, isso significa que pode ser registrado 45° ou 225°. Sendo os ângulos dobrados, obtêm-se 45° x 2 = 90° e 225° x 2 = 450° – 360° = 90°.

A direção média, o comprimento médio resultante e a variabilidade circular podem, então, ser calculados da maneira usual e para recuperar a direção média basta dividir o respectivo resultado por 2.

$$\text{vetor médio } \overline{V}_d = \overline{V} / 2$$

## 7.2 Dados vetoriais no espaço a três dimensões

A representação gráfica de dados tridimensionais geralmente é feita na forma de pontos em uma esfera unitária, sendo as coordenadas desses pontos expressas em termos de coordenadas esféricas. Nessa situação as observações são bivariadas, isto é, representadas por ângulos azimutes no plano horizontal, variando de 0° a 360°, e por ângulos de mergulho no plano vertical, variando de 0° a 90°. Os ângulos azimutes são medidos, em Geologia, no sentido horário, correspondendo o valor de 0° a Norte, 90° a Leste, 180° a Sul e 270° a Oeste, e o mergulho tem sinal positivo quando dirige para baixo. Ao se utilizarem *softwares*, deve-se verificar se a configuração está definida para convenção geográfica ou matemática.

Para a análise estatística dos dados são utilizados senos e cossenos dos azimutes ($\theta$) e dos mergulhos ($\phi$), segundo os cossenos de direção:

$$L = \cos \phi \cos \theta \qquad M = \cos \phi \, \text{sen} \, \theta \qquad N = \text{sen} \, \phi$$

A localização espacial de planos, por suas direções e mergulhos, pode ser representada por eixos perpendiculares a esses planos, que são projetados no círculo equatorial de uma esfera unitária. As projeções mais comuns utilizadas em Geologia são a de Wulff e a de Schmidt-Lambert. A de Wulff preserva os ângulos, mas a de Schmidt-Lambert, que mantém constante a área da unidade de malha, é mais usada pelo interesse que se tem na distribuição dos pontos. Nesta projeção o ângulo de mergulho $\phi$ é convertido para a distância p segundo a fórmula:

$$p = \sqrt{2r} \; \text{sen} \; (45° - |\phi|/2).$$

onde r é o raio da esfera e $0 \leq p \leq 1$, sendo a distância 0 (zero) o centro do círculo definido pelo plano equatorial, representando um vetor vertical. Assim, o ponto $(\theta, \phi)$ na esfera é convertido para $(\theta, p)$ no círculo equatorial e, desse modo, o valor (68°, 25°) na esfera unitária é projetado no plano contido no círculo equatorial com os valores (68°, 0,76°) e o ponto (0°, 90°) é rebatido para o centro do círculo de projeção.

A investigação estatística sobre a distribuição de dados vetoriais pode, assim, ser precedida por uma análise gráfica a partir da disposição dos pontos numa projeção estereográfica. Alguns desses padrões de distribuição são mostrados na Figura 7.4:

- uniforme, quando os pontos não estão concentrados em nenhuma região;
- unimodal, quando os pontos estão concentrados num único local;
- bimodal, quando os pontos estão concentrados em dois locais, sendo bipolar se essa concentração ocorrer de modo simétrico em ambos os hemisférios da esfera;
- em guirlanda, quando os pontos estão concentrados segundo um grande círculo da esfera.

Segundo a transformação das medidas angulares para cossenos de direção podem se apresentar as seguintes situações de vetores localizados no espaço:

Tabela 7.3 – Medidas angulares para senos e cossenos de direção

| Direção | Azimute | Inclinação | L | M | N |
|---|---|---|---|---|---|
| Geral | q | f | cos cos | cos sen | sen |
| Vertical p/ cima | 0 | 90 | 0 | 0 | 1 |
| Vertical p/ baixo | 0 | -90 | 0 | 0 | -1 |
| Norte | 0 | 0 | 1 | 0 | 0 |
| Leste | 90 | 0 | 0 | 1 | 0 |
| Sul | 180 | 0 | -1 | 0 | 0 |
| Oeste | 270 | 0 | 0 | -1 | 0 |

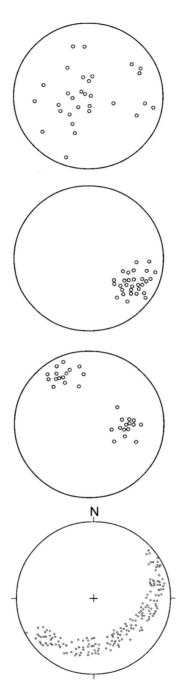

FIGURA 7.4 – Padrões de distribuição em projeção estereográfica: uniforme, unimodal, bimodal e guirlanda.

Conforme constatado em Koch & Link (1971), se dados vetoriais são examinados numa projeção estereográfica, uma ou mais das seguintes questões estatísticas podem ser enfocadas:

- estimar o azimute e a inclinação do centro, isto é, a direção média, de um agrupamento de valores e o grau de proximidade (*closeness*) envolvido;
- determinar se dois ou mais agrupamentos de vetores apresentam a mesma direção média;
- determinar se o grau de proximidade é o mesmo em dois ou mais grupos;
- determinar se os dados vetoriais estão agrupados ou distribuídos ao acaso.

A análise estatística de valores vetoriais depende da distribuição de pontos sobre uma esfera e importantes trabalhos sobre o assunto estão em Fischer (1953), Watson (1966 e 1970) e Bingham (1964). Essa distribuição de frequência é simétrica em torno de uma direção média de um agrupamento e a medida de concentração, equivalente ao desvio padrão, é conhecida como estimativa de precisão, e representada pela notação $k$, a qual é definida num sentido recíproco ao do desvio padrão. Valores altos indicam um alto índice de concentração em torno do valor médio e valores pequenos indicam distribuição ao acaso.

Depois de encontrados os cossenos de direção L, M e N, os seguintes valores podem ser calculados: $\Sigma L$, $\Sigma M$, $\Sigma N$, $(\Sigma L^2)$, $(\Sigma M^2)$ e $(\Sigma N^2)$.

A partir daí obtêm-se:

$$R^2 = (\Sigma L)^2 + (\Sigma M)^2 + (\Sigma N)^2; \quad R = \sqrt{R^2}$$

$$\overline{L} = \Sigma L/R; \quad \overline{M} = \Sigma M/R; \quad \overline{N} = \Sigma N/R$$

estimativa do azimute médio = arctan $(\overline{M}/\overline{L})$
estimativa da inclinação média = arcsen $(\overline{N})$
estimativa da precisão = $R^2$

(valores de R podem ser comparados com tabelas devidamente construídas, para verificar se os dados estão agrupados ou não).

O intervalo de confiança para a direção média de um agrupamento de vetores denominado, por Fischer, *cone de confiança*, é estimado por

$$\cos A = 1 - \frac{n - R}{R}\left[\left(\frac{1}{0{,}9}\right)^{1/n - 1} - 1\right], \text{ para um nível de confiança de 90\%.}$$

Valores críticos para a expressão entre chaves podem ser encontrados em tabelas, como em Koch & Link (1971, v.II, p.419).

Segundo essa fórmula, a verdadeira direção média situa-se num cone circular em que o eixo é a direção média estimada e A é o respectivo ângulo semivertical.

No procedimento estatístico, para determinar se dois ou mais agrupamentos de vetores apresentam a mesma direção média utiliza-se o teste $F$, similar ao empregado na análise de variância com único critério:

$$F = \frac{(\sum n_i - k)(\sum R_i - R_t)}{(k-1)(\sum n_i - \sum R_i)}$$

com $2(k-1)$ g.l. para o numerador e $2(\sum n_i - k)$ g.l. para o denominador;

$k$ = número de grupos;

$\sum n_i$ = soma dos $n_i$ tamanhos dos grupos;

$\sum R_i$ = soma dos $R_i$ de cada grupo;

$R_t$ = R de todos os dados, obtidos como se fossem um único grupo.

Para determinar se dois conjuntos apresentam a mesma precisão de agrupamentos, a estatística F também é utilizada:

$$F = \frac{\text{maior estimativa de precisão}}{\text{menor estimativa de precisão}}$$

com $2(n-1)$ g.l. tanto para o numerador como para o denominador.

Os métodos apresentados, desenvolvidos por Fischer, são úteis quando se quer testar a hipótese de presença de agrupamentos de dados vetoriais contra a alternativa de que os dados estão distribuídos ao acaso. Se, porém, os dados formam uma guirlanda, ou se usa transformação, como a de se obterem os polos dos dados originais, ou então a metodologia apresentada por Watson (1966). Neste caso, inicialmente os produtos cruzados dos cossenos de direção são obtidos a fim de fornecer a matriz simétrica.

$$\begin{bmatrix} \sum L^2 & \sum LM & \sum LN \\ \sum LM & \sum M^2 & \sum MN \\ \sum LN & \sum MN & \sum N^2 \end{bmatrix}$$

Em seguida os autovalores ($\lambda_1$, $\lambda_2$ e $\lambda_3$) e correspondentes autovetores ($v_1$, $v_2$ e $v_3$) dessa matriz são encontrados e servirão como um diagnóstico para identificar a distribuição esférica dos vetores. Os tamanhos relativos dos autovalores, juntamente com o valor R, indicam o comportamento dos vetores segundo os três casos mais comuns:

- Se os autovalores têm valores aproximadamente iguais, isso indica uma distribuição uniforme sem orientação preferencial predominante; neste caso o valor de R é pequeno.
- Se um autovalor é grande e os outros dois pequenos, as observações podem estar distribuídas tanto em um agrupamento como em dois agrupamentos de posição bipolar; nessa situação um alto valor de $R$ indica distribuição unimodal, caso contrário a bimodalidade é indicada. É difícil fazer a distinção entre um agrupamento unimodal e uma distribuição ao redor de um círculo pequeno; se os dois autovalores são aproximadamente iguais a distribuição é bipolar; uma estimativa da direção do único agrupamento ou dos agrupamentos bipolares é fornecida pela substituição dos componentes do autovetor correspondente ao maior autovalor da seguinte maneira:

$$\theta^* = \arctan(v_{32}/v_{31}) \text{ e } \theta^* = \text{arcsen}(v_{33})$$

- Se um dos autovalores é pequeno e os outros dois maiores, as observações se distribuem em guirlanda e a direção da linha perpendicular à guirlanda é obtida substituindo os componentes do autovetor correspondente ao menor autovalor da seguinte maneira:

$$\theta^* = \arctan(v_{12}/v_{11}) \text{ e } \phi^* = \text{arcsen}(v_{13})$$

Schuenemeyer (1984) apresenta um exemplo numa tentativa de explicar o significado dos termos igual, pequeno e grande quando se trata de autovalores. Nesse caso a amostra é de tamanho 30 e a região crítica para rejeitar a hipótese nula de uniformidade ao nível de significância de 5% é $R \geq 8,84$, utilizando o teste de Watson.

Tabela 7.4 – Formas de distribuição e respectivos autovalores

| Forma de Distribuição | Autovalores | | | R |
|---|---|---|---|---|
| | $\lambda_1$ | $\lambda_2$ | $\lambda_3$ | |
| uniforme | 4.68 | 7.58 | 17.73 | 1.86 |
| unimodal | 0.72 | 28.06 | 1.23 | 29.00 |
| bipolar | 0.73 | 28.36 | 0.89 | 2.04 |
| bimodal | 14.84 | 0.72 | 14.44 | 20.54 |
| pequeno círculo | 3.41 | 4.62 | 21.98 | 25.61 |
| guirlanda | 0.52 | 15.48 | 14.00 | 0.85 |

## 7.3 Exemplo

O exemplo provém de Koch & Link (1971) que trataram dados provenientes de um estudo de Irving (1964) sobre paleomagnetismo em diabásios da Tasmânia.

• Cálculo do azimute médio, inclinação média e exatidão:

Tabela 7.5 – Azimute médio, inclinação média e valor para exatidão

| | Ângulos | | Cossenos diretores | | |
|---|---|---|---|---|---|
| Ponto | Azimute θ | Inclinação φ | L | M | N |
| 1 | 75 | -62 | 0,1215 | 0,4535 | -0,8829 |
| 2 | 99 | -75 | -0,0405 | 0,2556 | -0,9656 |
| 3 | 120 | -74 | -0,1378 | 0,2387 | -0,9613 |
| 4 | 213 | -83 | -0,1022 | -0,0664 | -0,9925 |
| 5 | 157 | -77 | -0,2071 | 0,0879 | -0,9744 |
| 6 | 127 | -87 | -0,0315 | 0,0418 | -0,9986 |
| 7 | 86 | -78 | 0,0145 | 0,2074 | -0,9781 |

$\Sigma L = -0,3831$; $\Sigma M = 1,2185$; $\Sigma N = -6,7538$; $(\Sigma L)^2 = 0,1468$; $(\Sigma M)^2 = 1,4847$; $(\Sigma N)^2 = 45,6138$

$R^2 = (\Sigma L)^2 + (\Sigma M)^2 + (\Sigma N)^2 = 47,2453$

$R = 6,8736$

$\bar{L} = \Sigma L / R = -0,0557$; $\bar{M} = \Sigma M / R = 0,1773$; $\bar{N} = \Sigma N / R = -0,9826$

Estimativa do azimute: $\theta = \tan^{-1}(\bar{M}/\bar{L}) = 107°$

Estimativa da inclinação $\phi = \operatorname{sen}^{-1}(\bar{N}) = -79°$

Estimativa da exatidão: 47

• Cálculo do cone de confiança (A) para as sete direções paleomagnéticas:

Tabela 7.6 – Cone de confiança

| Símbolo | Explicação | Valor |
|---|---|---|
| n | número de observações | 7 |
| R | valor encontrado | 6,8736 |
| cos A | 1,0 – 0,468 (n – R)/R | 0,99139 |
| A | | 7.52° |
| | valor tabelado | 0,468 |

• Distribuição dos pontos na esfera, segundo o modelo de Watson:

Tabela 7.7 – Distribuição dos pontos na esfera

| Matriz de produtos cruzados de cossenos de direção | | | |
|---|---|---|---|
| | L | M | N |
| L | 0,08992 | | |
| M | 0,00213 | 0,38486 | |
| N | 0,38478 | -1,14115 | 6,52521 |

• Como resultado, são calculados os autovalores e autovetores:

Tabela 7.8 – Autovalores e autovetores

| Azimute e inclinação | | | | |
|---|---|---|---|---|
| Autovalores | | Autovetores | | |
| Postos | Tamanho | L | M | N |
| 1 | 6,752 | -0,05670 | 0,17611 | -0,98274 |
| 2 | 0,214 | | | |
| 3 | 0,034 | | | |

$$\theta^* = \tan^{-1}(0,17611/0,05670) = 108°$$
$$\phi^* = \text{sen}^{-1}(-0,98274) = -79°$$

Esse resultado, em que os três autovalores têm aproximadamente os mesmos valores, indica, por um lado, que as observações não estão particularmente agrupadas nem dispostas em guirlanda e, por outro, não evidencia que os pontos estejam distribuídos ao acaso.

# 8 Análise de dados em sequência

Dados em sequência, também conhecidos como em série, em fileiras, ou em cadeia, os quais incluem, entre outros, seções estratigráficas, perfis elétricos em poços, levantamentos mineralógicos ou geoquímicos ao longo de uma trincheira, são comuns em Geologia, e as técnicas usuais para examiná-los fazem parte do campo da análise de séries de tempo. Embora em Geologia se possa considerar que tempo e espaço sejam perfeitamente inter-relacionados, alguns apontamentos devem ser feitos quanto à natureza dos diferentes tipos de sequência estudados pelos geólogos. Num extremo encontram-se dados que registrados de modo bastante preciso, tanto no que diz respeito à variável média como à localização dos pontos amostrados. É o caso, por exemplo, de perfis elétricos, medidos em ohms a intervalos regulares ao longo de um poço. A variável e os intervalos são expressos em unidades de tal modo que uma resistência de 10 ohms significa ser dez vezes maior que uma resistência de 1 ohm e que o intervalo de 2 m é o dobro do intervalo de 1 m. No extremo oposto encontram-se dados que, obtidos em escala nominal ou de ordenação, não se apresentam tão precisos. É o caso de uma sequência estratigráfica que consiste numa série de litologias para as quais a atribuição arbitrária de números com 1 para calcário, 2 para folhelho, 3 para arenito etc. não tem significado numérico algum, pois 2 calcários não representam 1 folhelho. Uma interessante discussão a respeito desse tópico e um resumo dos diversos métodos utilizados na análise de dados em sequência encontram-se no Capítulo 4 do livro de Davis (1986). Sobre esse mesmo assunto, recomenda-se a obra de Schwarzacher (1975), o livro editado por Cubitt & Reyment (1982) e o número 1 do volume 10 da revista *Computers & Geosciences* (Agterberg, 1984b).

Segundo Davis (1986), as seguintes técnicas são geralmente utilizadas em Geologia na análise de dados em sequência:

| Natureza da variável | Observações irregularmente espaçadas | Observações iguais e regularmente espaçadas | Espaçamento não considerado |
|---|---|---|---|
| Medidas em escalas de intervalo ou de razão | Interpolação<br>Regressão polinomial<br>*splines* | Regressão polimodal ortogonal<br>Médias móveis<br>Filtragem e suavização<br>Zoneamento<br>Autocorrelação e correlação cruzada<br>Semivariograma<br>Análise espectral | Autocorrelação e correlação cruzada |
| Medidas em escalas nominal ou ordinal | Séries de eventos | Autoassociação e associação cruzada<br>Análise de Markov<br>Testes de continuação | Autoassociação e associação cruzada<br>Análise de substituição<br>Cadeias de Markov<br>Testes de continuação |

## 8.1 Cadeias de Markov

Dentre os diversos métodos à disposição, selecionou-se o das Cadeias de Markov, por ser de grande aplicação para o entendimento dos fenômenos geológicos (ver a propósito Krumbein, 1967 e 1968; e Caetano-Chang & Landim, 1982).

A aplicação de modelos matemáticos em Geologia normalmente é dificultada pelo pressuposto de casualidade em modelos que invocam eventos totalmente independentes ou, em outro extremo, pela exigência nos modelos determinísticos clássicos de que os eventos estejam condicionados a variáveis específicas, predeterminadas e perfeitamente conhecidas. O modelo das Cadeias de Markov, ocupando justamente uma posição intermediária nesse espectro de modelos dinâmicos, presta-se com mais propriedade a ser utilizado na tentativa de explicação de processos geológicos. Além disso, se aos valores obtidos mediante as Cadeias de Markov forem aplicados métodos estatísticos multivariados classificatórios, como a análise de agrupamentos e/ou análise discriminante, os resultados, quando comparados, permitirão verificar com grande facilidade se os processos estudados são equivalentes ou não. Tal metodologia, ou seja, dados obtidos a partir das Cadeias de Markov de primeira ordem submetidos à análise de agrupamento, como apresentado por Caetano (1978), demonstrou ser prática e eficiente na análise comparada de seções litoestratigráficas dos Grupos Tubarão e Passa Dois, Neopaleozoico da Bacia Sedimentar do Paraná.

As Cadeias de Markov consideram sequências ou cadeias de estágios em que a transição de um estágio para outro, dentro de um intervalo de tempo, depende de estágios prévios, de tal forma que as probabilidades associadas às transições entre os estágios são estacionárias. Nesse sentido pode-se afirmar que muitos processos geológicos possuem a propriedade markoviana, que se traduz pela influência de eventos prévios em eventos subsequentes.

O grau de dependência de um estágio em relação a estágios prévios é usualmente expresso em termos da *memória* envolvida no processo. Nos modelos determinísticos de dependência, o estágio no instante $t$ depende de todos os estágios prévios, ou seja, o processo é de longa memória; por outro lado, processos puramente aleatórios não apresentam memória, sendo independente a sequência de estágios.

Considerando as Cadeias de Markov dependentes apenas em relação ao estágio imediatamente anterior, estas podem ser classificadas como cadeias de dependências simples, pois um único estágio prévio está envolvido, sendo o processo de memória curta; neste caso em que o estágio precedente é o anterior imediato, as cadeias são também classificadas como de primeira ordem. As cadeias de dupla dependência envolvem dois estágios precedentes: se forem ambos imediatamente precedentes, a cadeia é de segunda ordem e envolve uma unidade de tempo; se os dois estágios não forem imediatamente precedentes, a cadeia possui ordem superior à de segunda ordem e um ou ambos intervalos de tempo envolvidos podem ser maiores que uma unidade de tempo.

As cadeias de Markov de primeira ordem e dependência simples são as mais utilizadas na abordagem de processos sedimentares, tendo em vista sua relativa facilidade de aplicação. No entanto, é comum sequências sedimentares exibirem superposição de ciclos maiores sobre ciclos menores, situações estas que podem ser representadas por matrizes markovianas de alta ordem, cuja estruturação e abordagem matemática são tanto mais complexas quanto maior o grau de dependência revelado pelo processo markoviano.

## 8.1.1 Matrizes de registro de transições

As matrizes de probabilidade de transições constituem uma forma simples e prática de apresentação das Cadeias de Markov. O cálculo das probabilidades de transições baseia-se na frequência de ocorrências de transições de um estágio para outro, observadas no processo considerado, isto é, matriz de registros ou de frequência de transições.

A verificação da propriedade markoviana no processo sedimentar de uma sequência estratigráfica é feita, geralmente, por meio da matriz de transições litológicas, em que os estágios envolvidos no processo correspondem às litologias que compõem a sequência estudada. Dois métodos são amplamente utilizados na estruturação de informações geológicas de tais sequências em matrizes de transições litológicas:

- são observadas as transições de uma litologia para outra na sequência, não importando a espessura de cada unidade, caso em que o tempo é considerado uma variável contínua (*embedded Markov chains*);
- os registros são feitos a intervalos fixos, a partir da base da sequência, caso em que o tempo é considerado uma variável discreta, para tanto se considerando que os parâmetros tempo e espessura sejam intimamente relacionados.

Uma sequência litoestratigráfica pode, então, ser tabulada em uma matriz de registros compostas pelas frequências de transição $c_{ij}$ de um estágio litológico "i" para seu sucessor "j". Por exemplo, uma sequência em que os registros, para quatro estágios, são feitos a espaçamentos fixos, pode ser escrita como:

$$
R \;=\; \begin{bmatrix} c_{11} & c_{12} & c_{13} & c_{14} \\ c_{21} & c_{22} & c_{23} & c_{24} \\ d_{31} & d_{32} & d_{33} & d_{34} \\ d_{41} & d_{42} & d_{43} & d_{44} \end{bmatrix}
$$

No caso das Cadeias de Markov de primeira ordem e dependência simples, as *embedded chains*, compostas pelas frequências de transições $c_{ii}$, mostram valores nulos na diagonal principal $c_{ii}$. No caso de registros feitos a intervalos fixos, os elementos $c_{ii}$ exprimem as espessuras relativas dos diferentes tipos litológicos.

Partindo-se das matrizes de transições litológicas, tenta-se representar as diferentes litofácies pela sucessão de litologias que foram depositadas em determinada sequência sedimentar, buscando caracterizar seu ambiente ou subambiente específico. Assim, as diversas litofácies ou associações litológicas de diferentes subambientes de um ou de diferentes sistemas deposicionais podem ser representadas por diferentes matrizes markovianas. Os problemas advindos de tal visão simplificada do processo sedimentar, ocorrida a deposição de sequência sedimentar, são óbvios. Não são registrados períodos de não deposição ou mesmo erosionais, uma vez que as frequências são tabuladas considerando-se unicamente o registro litológico. Problemas similares são evidentes no caso das cadeias em que intervalos fixos de espessura são diretamente relacionados a intervalos discretos de tempo de deposição, desprezando-se fatores como: diferentes graus de compactação de diferentes litologias, hiatos deposicionais ou erosivos, diferentes taxas de sedimentação etc.

Tais situações podem ser em parte resolvidas pela diminuição dos intervalos de espessura dos registros de transições, ou mesmo tomando cuidado para que interrupções de expressão no processo deposicional, ou seja, mudanças significativas no ambiente sedimentar não sejam incluídas numa mesma matriz, mas constituam pontos de separação entre matrizes. Este último caso é de grande importância para a estacionariedade da cadeia.

Por outro lado, a diminuição dos intervalos de registros, embora reduza os efeitos de diferentes graus de compactação e taxas de sedimentação e diminua a perda de corpos litológicos pouco espessos existentes na sequência, aprimorando a representação sedimentar pelas Cadeias de Markov, pode acarretar um aumento acentuado das frequências de transição de uma litologia para si mesma, $c_{ii}$, aproximando os elementos da diagonal principal da probabilidade 1.0, podendo desse modo falsear o teste da propriedade markoviana (ver subitem seguinte).

Outro aspecto a ser levantado diz respeito ao número e tipo das litologias consideradas na construção da matriz de registros. O número de estágios litológicos depende da diversidade e abundância dos diferentes tipos litológicos na seção analisada. Assim, certas litologias inexpressivas no contexto geral da sequência sedimentar, embora tornem a matriz de registros mais informativa e fiel aos dados originais, poderiam *esvaziá-la* estatisticamente, haja vista que muitas transições teriam baixas frequências na matriz. Litologias afins, isto é, representativas de condições genéticas similares, mais propriamente quando ocorrem em porcentagens pouco expressivas na coluna litológica, podem ser reunidas de forma a serem consideradas como um único estágio litológico. Deve-se cuidar, no entanto, para que litologias não similares não sejam agrupadas num mesmo estágio. Por outro lado, litologias de ampla representação na coluna podem ser subdivididas conforme seus caracteres de influência genética, tais como maturidade textural,

140

tipos diferentes de estruturas sedimentares, associados ao conceito de regime de fluxo, composição mineralógica etc.

Sob esse aspecto, além das matrizes de registros de transições litológicas geralmente utilizadas na representação de sequências de litofácies, matrizes de transições de estruturas sedimentares de específicas unidades litológicas, numa mesma sequência sedimentar, podem representar a sucessão vertical de estruturas, normalmente utilizadas como instrumento na identificação de subambientes num sistema deposicional.

## 8.1.2 Teste estatístico para propriedade markoviana

A matriz de probabilidade de transições litológicas é obtida a partir da correspondente matriz de registros, dividindo-se cada elemento $c_{ij}$ da i'ésima linha, pelo total dessa linha.

A estruturação de uma sucessão de eventos em uma matriz de probabilidade de transições não significa, necessariamente, que o processo físico original seja um processo markoviano. É evidente, pois, que a aplicação do modelo markoviano às sequências sedimentares prescinde da verificação da presença da propriedade markoviana. Tal propriedade pode ser testada pela expressão

$$-2\ln^\lambda = 2\sum_{ij}^{m} n_{ij} \ln(p_{ij} / p_j)$$

onde $-2\ln^\lambda$ para m estágios, segue a distribuição chi-quadrática com $(m - 1)^2$ graus de liberdade; $n_{ij}$ é a frequência de transições na ij-ésima cela; $p_{ij}$ é a probabilidade de transições para a mesma cela e $p_j$ é a probabilidade marginal para a respectiva coluna.

Por este teste, avalia-se a hipótese nula $(i = j)$ segundo a qual a probabilidade da i-ésima litologia ser seguida pela j-ésima litologia é a mesma que ser seguida por uma não j-ésima litologia. Em outras palavras, as deposições das várias litologias independem umas das outras. Nesse sentido, a hipótese alternativa indica que a deposição de uma litologia depende da imediatamente anterior.

Se o valor calculado para $-2\ln^\lambda$ exceder ao valor tabelado de $\chi^2$ (qui--quadrado) para $(m - 1)^2$ graus de liberdade e a um nível $\alpha$ de significância, $(-2\ln^\lambda \geq \chi^2_{(\alpha;gl.)})$ rejeita-se a hipótese de que os eventos sejam independentes. Se $(-2\ln^\lambda < \chi^2_{(\alpha;gl.)})$ a hipótese de independência não é rejeitada.

São condições do teste que a matriz de probabilidade de transições seja estacionária e que os eventos ocorram a intervalos de tempo iguais. Dessa forma, considerando a relação entre espaço e tempo em uma sequência litológica, o teste é aplicável somente a matrizes tabuladas segundo intervalos fixos.

Deve ser notado também que, para aplicação de tal método a este tipo de matrizes, a distribuição de espessura das várias litologias deverá ser exponencial. Em condição inversa, a propriedade markoviana da sequência deverá ser verificada pelo uso de matrizes tabuladas segundo mudanças do tipo litológico.

Ainda com relação à matriz de probabilidade de transições, deve-se enfatizar que o método estatístico do $\chi^2$ aplica-se somente a matrizes em que todos os elementos são positivos e diferentes de 0 (zero). As limitações estatísticas impostas por elementos nulos podem ser, até certo ponto, superadas pela omissão de um grau de liberdade para cada 0 (zero). Assim, o valor de $\chi^2$ a ser confrontado com o valor calculado refere-se a $((m - 1)^2 - k)$ g.l., onde k corresponde ao número de *zeros* existentes na matriz.

Por outro lado, embora os processos markovianos possam abranger desde as relativamente simples e regulares Cadeias de Markov de primeira ordem até modelos complexos com memórias que se estendem por dois ou mais intervalos de tempo, o teste aqui abordado encontra aplicação apenas para o caso de verificação da propriedade markoviana de primeiro grau.

Anderson & Goodman (1957) e Schwarzacher (1967) apresentam outros testes que são aplicáveis às cadeias de ordem mais elevada. São condições deste teste que a sequência sedimentar seja estacionária e que as transições sejam registradas a intervalos discretos de tempo e, além disso, a distribuição de espessuras das várias litologias deverá ser exponencial.

Não sendo satisfeitas tais condições, a propriedade markoviana pode ser verificada pelo uso de matrizes tabuladas, segundo mudanças do tipo litológico. Neste caso, o método indicado por Potter & Blakely (1967) tem sido adotado, no qual é utilizada uma tabela de contingência (tabela de valores esperados em processos aleatórios) e aplicado o teste do $\chi^2$ aos dados observados. As hipóteses nula e alternativa são as mesmas do teste anterior.

Deve-se enfatizar que ambos os testes são aplicáveis unicamente a matrizes de transições em que todos os elementos são positivos e diferentes de 0 (zero), sendo geralmente aceito que todas as celas da matriz de registros tenham uma frequência mínima de 5%. O procedimento convencional para superar tal tipo de problema é a combinação de linhas da matriz até conseguir-se a frequência desejada para as celas. Muitas vezes, no entanto, tal procedimento não é viável para o caso de matrizes de registro de transições litológicas. As limitações estatísticas impostas por valores nulos podem ser, até certo ponto, superadas pela omissão de um grau de liberdade para cada 0 (zero): $((m - 1)^2 - k)$ g.l., onde k corresponde ao número de valores nulos existentes na matriz.

A dependência ou casualidade na ocorrência de litologias que se repetem numa sequência pode ser ainda avaliada em termos de entropia envolvida no processo (Hattori, 1976).

### 8.1.3 Matriz de transições estabilizadas

A potenciação de matrizes markovianas pode fornecer resultados interessantes. Assim, a elevação de uma matriz de probabilidade de transições a uma potência $n$ conduz à obtenção de uma outra matriz cujos valores indicam as probabilidades de transição de um estágio para outro, após n intervalos de tempo, ou seja, partindo-se de um determinado evento (litologia) original pode-se prever a probabilidade de ocorrência de um outro determinado evento após n transições na sequência. Essas matrizes podem ser representadas em dendrogramas que mostram as probabilidades associadas a cada estágio, por uma sucessão de ciclos.

Quando a matriz de probabilidade de transições é sucessivamente automultiplicada, as linhas da matriz tornam-se, a certa altura, todas iguais, de maneira que subsequentes potenciações não alterarão seus valores. As linhas da matriz, assim estabilizadas, são chamadas *vetores de probabilidade fixa* e exprimem as proporções de equilíbrio entre os vários estágios ou transições, uma vez que as probabilidades de se passar para um outro estágio são independentes do estágio inicial.

### 8.1.4 Transições estacionárias

As Cadeias de Markov, por serem o resultado de um processo estacionário no tempo, têm probabilidades de transição constantes ao longo do tempo. No entanto, embora uma sequência possa exibir a propriedade markoviana, subintervalos dessa sequência podem possuir valores de probabilidade de transições diferentes, mostrando que o caráter de dependência varia com o tempo. Neste caso, a sequência apresenta dependência markoviana não estacionária.

Em uma Cadeia de Markov de primeira ordem, $p_{ij}$ é a probabilidade de transição do estágio i, no tempo t – 1, para o estágio j, no tempo t; em uma cadeia não estacionária, $p_{ij}(t)$ é a probabilidade de transição do estágio i para j, sendo uma função do tempo.

Testes de estacionariedade das Cadeias de Markov comparam valores de probabilidades de transições, calculados em subintervalos de tempo na sequência, com valores obtidos pela estimativa no intervalo todo.

Sequências sedimentares não estacionárias podem indicar, entre outras alternativas, que mais de uma condição de ambientes sedimentar influenciou a sequência de depósitos. Tal fato permite prever a utilização de matrizes de transição markoviana na comparação de subambientes de um ou de diferentes sistemas deposicionais dentro de uma bacia.

## 8.1.5 Entropia

O conceito de entropia pode ser aplicado às matrizes markovianas de transições litológicas como um parâmetro indicativo do grau de casualidade existente na sequência.

A entropia pós-deposição, com relação ao estágio i, é definida como:

$$E_i = - \sum_{j=1}^{m} p_{ij} . \log p_{ij}$$

onde m é o número de estágios litológicos e $p_{ij}$ é a probabilidade de transição litológica em ordem ascendente. Se $E_i = 0$ um dos valores de $p_{ij}$ é igual à unidade, isto é, todos os demais são nulos. Pode-se afirmar, então, que i exerce uma influência decisiva na seleção de seus sucessores. Valores altos para $E_i$ significam que o efeito da memória do estágio i é obscuro e vários estágios podem sucedê-lo.

## 8.1.6 Seções estratigráficas simuladas

A simulação de seções litoestratigráficas, na forma mais simples do modelo markoviano (dependência simples e primeira ordem), pode ser executada por meio da matriz de frequência de transições litológicas. Menos comum é a utilização de matrizes de registro de espessura dos corpos litológicos que constituem a sequência real.

Nos casos em que a matriz de registros é tabulada segundo intervalos fixos, a simulação inclui não somente a sucessão de litologias, mas, também, a espessura de cada ocorrência. Neste caso, a escolha do intervalo apropriado para a contagem das transições litológicas é deveras importante: sendo muito grande, algumas litologias podem ser inteiramente perdidas; sendo muito pequeno, a matriz tende a ter probabilidade 1 na diagonal principal e 0 nas outras posições, em amostragens finitas.

No entanto se a tabulação baseia-se nas transições de um tipo litológico para outro, a matriz controla a sucessão de litologias, mas as espessuras representam eventos independentes, baseados em valores aleatórios das correspondentes distribuições de frequência. Neste caso, em que o tempo é uma variável contínua, a simulação não se baseia nos valores de probabilidade de transições litológicas $(p_{ij})$, uma vez que resultaria numa sucessão probabilística de camadas, sem nenhuma relação com suas espessuras. Uma solução é o emprego da distribuição estratigráfica, em conjunto com a matriz markoviana.

A simulação de seções litoestratigráficas tem se mostrado satisfatória quando envolve um número razoável de transições (500 ou mais), como indicam os valores de probabilidade de transições entre os diversos estágios litológicos, porcentagem de ocorrência destes estágios, espessura média das camadas etc., resultados estes que se mostram concordantes quando obtidos de seções reais e simuladas.

Entretanto, as Cadeias de Markov de primeira ordem revelam limitações na simulação de sequências. Por exemplo, a ocorrência de camadas-guia ou de tipos litológicos particulares em um determinado intervalo estratigráfico, dentro da sequência simulada, requer condições de dependência mais complexa que as matrizes markovianas simples.

A simulação de seções litoestratigráficas pela aplicação das Cadeias de Markov restringe-se, normalmente, à análise de sequências sedimentares uni-dimensionais. Krumbein (1968), num trabalho de cunho experimental, introduziu uma metodologia para simulação de seções litoestratigráficas em duas dimensões, mais especificamente a simulação de modelos markoviano de transgressão e regressão, tendo o tempo como variável contínua.

## 8.1.7 Aplicações das cadeias de Markov

As particularidades referentes às Cadeias de Markov de primeira ordem permitem antever inúmeras aplicações a problemas estratigráficos e sedimentológicos. Primeiramente as matrizes markovianas constituem uma forma simples de apresentação de dados quantitativos relativos às sequências estratigráficas. A análise de propriedade markoviana, especialmente para dependências de alta ordem, traduz os processos cíclicos de sedimentação. As Cadeias de Markov de primeira ordem em inúmeras situações, uma vez caracterizada a presença da propriedade markoviana, permitem vislumbrar toda a sucessão de eventos como, por exemplo, em relação à sequência de deposição de diferentes litologias em determinado ambiente sedimentar. Nesse sentido, podem ser utilizadas no reconhecimento de paleoambientes de sedimentação.

Ainda, a dependência ou a casualidade na ocorrência de litologias que se repetem numa sequência pode ser avaliada em termos de entropia. Desse modo, a sucessão de litologias, tanto em ordem ascendente quanto descendente numa sequência, pode ser descrita pela entropia de matrizes markovianas. Ambientes de sedimentação, como fácies e subfácies, e padrões de sedimentação cíclica podem, também, ser definidos pelos valores de entropia determinados para a área em questão. Quanto à simulação de seções litoestratigráficas, foi rapidamente abordada no item anterior.

Para exemplificar uma aplicação das Cadeias de Markov a dados estratigráficos, são aqui utilizadas as informações do perfil composto do poço de Anhembi (AB-1-SP), perfurado pela Petrobras, mostrando os vários aspectos abordados anteriormente sobre Cadeias de Markov de primeira ordem. Foi escolhido o intervalo estratigráfico referente à sequência Delta (Cs-Ps), segundo Soares et al. (1978), que abrange os Grupos Tubarão e Passa Dois, tendo em vista seu caráter cíclico geralmente citado na literatura (Caetano-Chang & Landim, 1982).

As litologias predominantes neste intervalo podem ser resumidas em: arenitos finos a grosseiros, siltitos, folhelhos sílticos, folhelhos carbonosos, argilitos, calcários, calcilutitos, calcarenitos, diamictitos, tilitos, conglomerados. A partir dessa classificação, foram estabelecidos cinco grupos litológicos: (a) arenitos; (b) siltitos; (c) folhelhos e argilitos em geral; (d) calcários; (e) diamictitos, tilitos e conglomerados.

As matrizes de registro de transições litológicas foram estruturadas pelas duas formas convencionais:

- transições de um estágio litológico para outro na sequência;

- observações a intervalos fixos de 5 m, a partir da base da sequência.

146

Tal espaçamento foi adotado pelo fato de que intervalos maiores levariam à perda de certos corpos rochosos, especialmente calcários, que, em grande parte, possuem espessuras inferiores a 5 m; intervalos menores, no entanto, provocariam um aumento acentuado das frequências de transições $n_{ij}$. A Tabela 8.1 reúne as matrizes de registro e de probabilidade de transições litológicas calculadas para o poço perfurado (AB-1/SP).

Tabela 8.1 – Registros (1) e probabilidades de transições litológicas (2) para a seção AB-1-SP; (a) tabuladas em espaços fixos de 5 m e (b) tabuladas segundo mudanças do tipo litológico

|  | ( 1 ) | | ( 2 ) | |
|---|---|---|---|---|
|  | ( a ) | ( b ) | ( a ) | ( b ) |
| AA | 112 | 0 | 0,805 | 0,000 |
| AB | 8 | 9 | 0,057 | 0,250 |
| AC | 16 | 23 | 0,115 | 0,638 |
| AD | 0 | 0 | 0,000 | 0,000 |
| AE | 3 | 4 | 0,021 | 0,111 |
| BA | 6 | 8 | 0,115 | 0,363 |
| BB | 33 | 0 | 0,634 | 0,000 |
| BC | 6 | 6 | 0,115 | 0,272 |
| BD | 5 | 5 | 0,096 | 0,227 |
| BE | 2 | 3 | 0,038 | 0,136 |
| CA | 16 | 20 | 0,266 | 0,476 |
| CB | 7 | 10 | 0,116 | 0,238 |
| CC | 31 | 0 | 0,516 | 0,000 |
| CD | 2 | 3 | 0,033 | 0,142 |
| CE | 4 | 6 | 0,066 | 0,142 |
| DA | 2 | 2 | 0,166 | 0,181 |
| DB | 2 | 2 | 0,166 | 0,181 |
| DC | 3 | 7 | 0,250 | 0,636 |
| DD | 5 | 0 | 0,416 | 0,000 |
| DE | 0 | 0 | 0,000 | 0,000 |
| EA | 2 | 5 | 0,086 | 0,384 |
| EB | 3 | 2 | 0,130 | 0,153 |
| EC | 4 | 6 | 0,173 | 0,461 |
| ED | 0 | 0 | 0,000 | 0,000 |
| EE | 14 | 0 | 0,608 | 0,000 |

a) $\chi^2 = 224,84$ e $\chi^2_{(0,05;(m-1)^2-k)} = 22,36$

b) $\chi^2 = 34,26$ e $\chi^2_{(0,05;(m-1)^2-k)} = 15,51$

Os valores de $\chi^2$ encontrados são altos, indicando presença marcante da propriedade markoviana de primeira ordem; a matriz cujos elementos são calculados segundo ($n_{ij} \log_e (p_{ij}/p_j)$) mostra valores positivos maiores, pertencendo à diagonal principal, responsáveis pelo alto valor obtido para $\chi^2$.

A simulação da seção litoestratigráfica AB-1-SP inclui, além da sucessão de litologias, a espessura de cada ocorrência. As matrizes de registros e de probabilidades de transições, geradas pela simulação exibem uma boa concordância com aquelas obtidas da observação de seções reais. Consideradas as 500 transições simuladas, são apresentadas a ocorrência e a porcentagem de ocorrência de cada litologia.

Esses resultados permitem comparações, por exemplo, quanto à espessura média das camadas, quanto à porcentagem total de espessura e de camadas para os diversos estágios litológicos.

Pela matriz de registros da seção real verifica-se que foram feitas 286 observações a espaços fixos de 5 m. Neste intervalo foi registrada, por 139 vezes, a ocorrência de arenitos dispostos em 27 grupos individuais. Dessa forma, a espessura total dos arenitos é estimada em 139 x 5 m = 695 m e a espessura média em 695 m/27 = 25,74 m. Cálculos semelhantes para as demais litologias levam aos resultados da Tabela 8.2.

A estabilização da matriz de probabilidade de transições, para quatro casas decimais, foi atingida na 28ª potência. O vetor de probabilidade fixa, assim gerado, indica que o intervalo litoestratigráfico, em seu estado de equilíbrio, possui aproximadamente 47,51% de arenitos, 19,05% de siltitos, 21,01% de folhelhos, 4,34% de calcários e 8,07% de diamictitos. Estas proporções apresentam-se em concordância com os valores de porcentagem de espessura mostrados na Tabela 8.2. Como especificado anteriormente, o vetor de probabilidade fixa pode ser usado na simulação de seções sem implicações de memória, isto é, onde os eventos são independentes.

Tabela 8.2 – Espessuras médias das camadas, porcentagens de espessura total e porcentagens de camadas para as diversas litologias: (1) dados reais e (2) simulados

| Litologia | Espessura média de camada (m) | | Porcentagem de espessura total | | Porcentagem de camada | |
|---|---|---|---|---|---|---|
| | (1) | (2) | (1) | (2) | (1) | (2) |
| A | 25,74 | 27,50 | 48,60 | 46,20 | 29,67 | 27,45 |
| B | 13,68 | 14,54 | 18,18 | 19,20 | 20,88 | 21,57 |
| C | 10,34 | 11,63 | 20,98 | 22,80 | 31,87 | 32,03 |
| D | 8,57 | 8,21 | 4,20 | 4,60 | 7,69 | 9,15 |
| E | 12,78 | 12,00 | 8,04 | 7,20 | 9,89 | 9,80 |

# 9 Análise de superfícies de tendência

## 9.1 Introdução

Um dos mais importantes problemas relacionados com a aplicação da Estatística em Geologia é o que diz respeito ao estudo do comportamento espacial de variáveis, que assumem valores definidos para cada ponto numa determinada região como, por exemplo, ao se calcular a estimativa do teor médio de um minério, da espessura de uma unidade estratigráfica, da cota do lençol freático, da variação geoquímica no solo de um determinado elemento etc.

Ocorre que o estudo espacial de variáveis que assumem valores definidos para cada ponto no espaço, tanto quanto aqueles dependentes do tempo, exibe comportamento demasiadamente complexo para ser analisado pelos métodos estatísticos usuais. Quando se utiliza a chamada estatística clássica para representar as propriedades dos valores amostrais, presume-se que estes são realizações de uma variável casual, as posições relativas das amostras são ignoradas e que todos os valores amostrais tenham a mesma probabilidade de serem escolhidos. Em mineração, por exemplo, isso significa que zonas de enriquecimento poderão ser ignoradas, pois o fato de que amostras provenientes de pontos adjacentes devem provavelmente apresentar valores similares não é levado em consideração. Assim, amostras retiradas de um corpo de minério a diversos intervalos mostrarão simplesmente um teor médio e uma distribuição de valores em torno dessa média, caso não exista a preocupação de localizar no espaço as amostras. Existindo essa intenção, um gráfico poderá ser construído, no qual os teores são colocados em ordenada e os respectivos pontos de amostragem em abscissa. Tal gráfico evidenciará, então, que a correlação não é linear e que a variação em teor aumenta conforme aumenta o próprio teor do corpo minério. Em outras palavras, nas partes mais ricas do filão as mudanças de valores são bem maiores do que a variação total dos valores nas regiões mais pobres. Isso significa que as mudanças quanto ao teor ocorrem exponencialmente com a distância e que a variância é heterocedástica, isto é, apresenta uma distribuição de frequências de padrão irregular. Além disso, tem-se verificado que a variância das amostras de minério é inversamente relacionada com o tamanho, isto é, declina conforme aumenta o volume do minério amostrado. Na estatística espacial, porém, os valores amostrais são considerados realizações de funções casuais e nesse caso o valor de um ponto é função da sua posição no espaço, sendo também levada em consideração a posição relativa dos pontos amostrados. Assim, a similaridade entre valores amostrais é quantificada em função da distância entre amostras, representando tal relação o fundamento desse campo especial da estatística aplicada.

Isso, porém, é apenas uma parte da questão, porque depois de obtidos os valores nos diversos pontos de coleta, tanto em rede regular como irregular, surge a questão ligada à interpolação, ou seja, como nem todo o espaço foi amostrado, de que maneira inferir valores para aqueles locais não amostrados? Diversos métodos têm sido propostos e uma discussão a respeito deles encontra-se em Yamamoto (1998). Resumidamente, de acordo com Howarth (1983) e Kansa (1990), os métodos podem ser considerados segundo duas categorias:

- *globais*, que procuram considerar todos os valores amostrados, interpolando valores em qualquer ponto dentro do domínio dos dados originais; a retirada de um valor amostrado ou adição de um novo valor terá consequências por todo o domínio (Franke, 1982). São exemplos os métodos que utilizam polinômios e equações multiquádricas (Hardy, 1971).
- *locais*, que são aplicáveis em porções da área mapeada e, sucessivamente, cobrem toda a região de interesse; a retirada ou inclusão de dados irá afetar apenas os pontos a ele adjacentes e até a uma certa distância. São exemplos a interpolação linear em triângulos, ponderação pelo inverso da potência da distância, krigagem ordinária, função multiquádrica-bi-harmônica e *splines*.

Neste texto são apresentados o método da análise de superfícies de tendência (*trend surface analysis*) e os métodos geoestatísticos mais usuais.

Dentre os livros que tratam da análise espacial, podem ser citados Ripley (1981 e 1988), Diggle (1983), Gaile & Willmott (1984), Upton & Fingleton (1985 e 1989) e Cressie (1991).

## 9.2 Análise de superfícies de tendência

O comportamento espacial de variáveis mapeáveis pode ser mostrado com os valores distribuindo-se segundo curvas de mesmo valor, também conhecidas como *isopletas*. Tais mapas, como os topográficos ou os de isópacas, com linhas de mesma espessura de camadas, fornecem importantes informações, porém, em algumas situações os padrões de variação não se mostram muito claros em razão de flutuações locais ou de valores anômalos. É comum nessas circunstâncias falar-se em tendências regionais que são mascaradas por anomalias locais. O método da análise de superfícies de tendência pode, então, ser utilizado para evidenciar tal situação, pois segundo esse procedimento define-se, além das grandes e sistemáticas mudanças existentes na área, aquelas pequenas, aparentemente não ordenadas flutuações, que se impõem aos padrões mais gerais. Essa metodologia foi originalmente introduzida nas Ciências da Terra por Oldham & Sutherland (1955), Krumbein (1956 e 1959), Grant (1957) e Whitten (1959). Esses autores usaram o método para análise de mapas gravitacionais, mapas estratigráficos, mapas de isópacas e mapas com atributos específicos em rochas sedimentares e ígneas. Desde então, o número de aplicações tem crescido significantemente e o método em si generalizado e refinado.

A análise de superfícies de tendência é uma técnica relativamente simples e muito útil quando os mapas de tendência e os respectivos resíduos podem ser interpretados a partir de um ponto de vista espacial ou então quando o número de observações é limitado de modo que a interpolação possa ser baseada nesses poucos dados.

Conforme observado no modelo linear simples, se possuído um conjunto de dados nos quais foram medidas duas variáveis x e y, cuja correlação entre si indica um comportamento linear, pode-se ajustar uma reta que melhor se encaixe a esses pares de valores pelo método dos mínimos quadrados. Esse processo permite a construção de uma única reta em relação à qual a somatória das diferenças ao quadrado entre os valores observados menos os correspondentes computados é mínima.

Partindo desse caso bidimensional, para o modelo linear geral, a analogia é óbvia com o caso tridimensional, em que se deseja correlacionar a distribuição de uma variável dependente z em função das coordenadas x, no sentido leste-oeste, e y, no sentido norte-sul (Figura 9.1). Nessas circunstâncias, deve-se calcular, em vez de uma reta, uma superfície que melhor se adapte ao conjunto de observações por meio de técnicas matemáticas que fornecerão a melhor superfície mapeável e objetiva. Uma dessas técnicas é a análise de superfícies de tendência. Com a aplicação dessa análise consegue-se separar dados mapeáveis em duas componentes: uma de natureza regional, representada pela própria superfície, e outra que revela as flutuações locais, representadas pelos valores residuais.

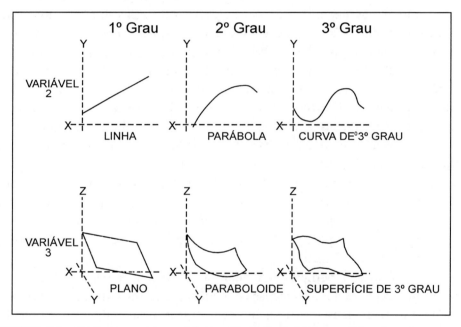

FIGURA 9.1 – Comportamento espacial de variáveis dependentes condicionadas por uma variável independente (linhas) e por duas variáveis independentes (superfícies)

Se as coordenadas forem determinadas a partir de uma grade regular em que os intervalos são iguais segundo cada uma das duas direções e se existir a possibilidade de variação de $z_i$ ocorrer segundo um padrão cíclico, o modelo da análise das séries de Fourier poderá ser aplicado. Se as observações, porém, não obedecerem a uma periodicidade e forem coletadas segundo uma grade regular será possível efetuar uma análise de tendência a partir de polinômios ortogonais.

A coleta tendo sido feita, porém, de modo irregular, o que normalmente acontece em Geologia, o recurso a ser usado é o do método dos polinômios não ortogonais, tentando encaixar preliminarmente uma superfície linear aos dados, em seguida uma quadrática, uma cúbica, e assim por diante. O método usual para o ajustamento aos dados é o da regressão pelos mínimos quadrados. Em seguida essas superfícies e seus respectivos desvios são examinados para que se verifique a sua implicação geológica. Em alguns casos, como em problemas de suavização, o interesse é pelo melhor ajuste aos dados e assim procura-se pela superfície de mais alto grau possível. Em outros, como na detecção de anomalias, o que interessa são os resíduos e calculam-se, então, superfícies de baixo grau com os respectivos mapas de resíduos positivos e negativos.

### 9.2.1 Cálculo das superfícies

O modelo para a representação da superfície pelo método dos polinômios não ortogonais é:

$$z_i(X,Y) = [a_0 + a_1 x_i + a_2 y_i + a_3 x_i^2 + a_4 x_i y_i + a_5 y_i^2 + \ ... \ ] + e_i(x_i, y_i),$$

onde $z_i(X, Y)$ é a variável mapeada em função das coordenadas $x_i$ e $y_i$ e $e_i(x_i, y_i)$ representa os resíduos, ou seja, a fonte não sistemática de variação.

A representação de uma superfície linear é dada por:

$$z(X,Y) = a_0 + a_1 x_i + a_2 y_i + e_i$$

Para o cálculo dos coeficientes $a_i$, dispõem-se os dados num sistema de equações normais:

$$\Sigma z_i = a_0 n + a_1 \Sigma x_i + a_2 \Sigma y_i$$

$$\Sigma z_i x_i = a_0 \Sigma x_i + a_1 \Sigma x_i^2 + a_2 \Sigma x_i y_i$$

$$\Sigma z_i y_i = a_0 \Sigma y_i + a_1 \Sigma x_i y_i + a_2 \Sigma y_i^2$$

ou em forma matricial:

$$\begin{bmatrix} n & \Sigma x_i & \Sigma y_i \\ \Sigma x_i & \Sigma x_i^2 & \Sigma x_i y_i \\ \Sigma y_i & \Sigma x_i y_i & \Sigma y_i^2 \end{bmatrix} \begin{bmatrix} a_0 \\ a_1 \\ a_2 \end{bmatrix} = \begin{bmatrix} \Sigma z_i \\ \Sigma z_i x_i \\ \Sigma z_i y_i \end{bmatrix}$$

$$[XY]\,[A] = [Z]$$

Multiplicando ambos os termos pelo inverso de [XY],

$$[XY]^{-1}[XY][A] = [XY]^{-1}[Z]$$

como $[XY]^{-1}[XY] = [I] =$ matriz de identidade e $[I][A] = [A]$

$$[A] = [XY]^{-1}[Z]$$

Para o cálculo do vetor de coeficientes [A], portanto, basta inverter a matriz [XY] e multiplicar esse resultado pelo vetor [Z].

A superfície quadrática é representada por:

$$z_i(X, Y) = b_0 + b_1 x_i + b_2 y_i + b_3 x_i^2 + b_4 x_i y_i + b_5 y_i^2 + e_i,$$

e a determinação dos coeficientes $b_0$, $b_1$, $b_2$, $b_3$, $b_4$ e $b_5$ para a superfície de grau 2 torna-se:

$$
\begin{bmatrix} b_0 \\ b_1 \\ b_2 \\ b_3 \\ b_4 \\ b_5 \end{bmatrix}
=
\begin{bmatrix}
n & \Sigma x_i & \Sigma y_i & \Sigma x_i^2 & \Sigma x_i y_i & \Sigma y_i^2 \\
\Sigma x_i & \Sigma x_i^2 & \Sigma x_i y_i & \Sigma x_i^3 & \Sigma x_i^2 y_i & \Sigma x_i y_i^2 \\
\Sigma y_i & \Sigma x_i y_i & \Sigma y_i^2 & \Sigma x_i^2 y_i & \Sigma x_i y_i^2 & \Sigma y_i^3 \\
\Sigma x_i^2 & \Sigma x_i^3 & \Sigma x_i^2 y_i & \Sigma x_i^4 & \Sigma x_i^3 y_i & \Sigma x_i^2 y_i^2 \\
\Sigma x_i y_i & \Sigma x_i^2 y_i & \Sigma x_i y_i^2 & \Sigma x_i^3 y_i & \Sigma x_i^2 y_i^2 & \Sigma x_i y_i^3 \\
\Sigma y_1^2 & \Sigma x_i y_1^2 & \Sigma y_1^3 & \Sigma x_i^2 y_1^2 & \Sigma x_i y_1^3 & \Sigma y_1^4
\end{bmatrix}^{-1}
\begin{bmatrix} \Sigma z_i \\ \Sigma x_i z_i \\ \Sigma y_i z_i \\ \Sigma x_i^2 z_i \\ \Sigma x_i y_i z_i \\ \Sigma y_1^2 z_i \end{bmatrix}
$$

As superfícies de grau superior a dois seguem o mesmo processo de desenvolvimento polinomial.

Alguns cuidados devem ser tomados no momento da aplicação da análise de tendência:

- tecer considerações apenas em relação à área coberta pelos pontos evitando as extremidades dos mapas, pois a extrapolação pode apresentar distorções;
- o número de pontos deve ser maior que o número de coeficientes do polinômio a ser calculado;
- o arranjo dos pontos, ainda que irregular, deve ser casual e razoavelmente bem distribuído, evitando agrupamentos;
- quando da inversão da matriz, por programas em microcomputador, podem ocorrer problemas com os resultados obtidos para superfícies de mais alto grau, isso porque em sistemas com valores de diversos dígitos, tipo UTM, a precisão computacional se deteriora exigindo formato de dupla precisão. Mesmo assim podem ocorrer limitações e, então, a solução é transformar as coordenadas $x_i$ e $y_i$, conforme as equações, que

fornecem valores para as coordenadas entre 0 e 1 e não modifica a forma das superfícies:

$$x^* = \frac{x_i - x_{mín}}{x_{máx} - x_{mín}} \quad y^* = \frac{y_i - y_{mín}}{y_{máx} - y_{mín}}$$

## 9.2.2 Verificação do ajuste das superfícies de tendência aos dados observados e intervalos de confiança

Sendo computadas a soma de quadrados da variável dependente, a soma de quadrados devido à superfície polinomial e a soma de quadrados dos resíduos, pode-se obter uma indicação da validade da superfície de tendência calculada por uma análise de variância:

variação total: $SQT = \left[ (\Sigma y_i)^2 / n \right]$

variação devido à superfície calculada: $SQP = \Sigma y_1^{*2} - [(\Sigma y_i^*)^2 / n]$

variação devido aos resíduos ou desvios: $SQR = SQT - SQP$

porcentagem de ajuste da superfície: $R^2 = (SQP/SQT) \, 100\%$

Tabela 9.1 – Análise de variância para verificação do ajuste de superfície

| Fontes de variação | SQ | g.l. | MQ | F |
|---|---|---|---|---|
| Regressão polinomial | SQP | m | MSP | $\dfrac{MSP}{MSR}$ |
| Resíduos | SQR | $n - m - 1$ | MSR | |
| Total | SQT | $n - 1$ | | |

m: número de coeficientes da equação polinomial, não contando o termo $a_0$
n: número de observações
$H_0$: variância dos dados estimados pela superfície encontrada é igual à variância dos dados originais, ou seja, não ocorre ajuste significativo da superfície aos dados

$H_1$: variância dos dados estimados pela superfície encontrada é menor que a variância dos dados originais, ou seja, ocorre ajuste significativo da superfície aos dados

Na análise de tendência é usual calcular uma série de equações polinomiais de graus sucessivamente superiores e tentar adaptá-las aos dados. Nesse tipo de análise, a soma de quadrados devido à regressão polinomial aumentará conforme aumentar o grau de superfície. Para verificar qual a contribuição dos sucessivos coeficientes parciais de regressão e fornecer uma medida do ajustamento aos dados devido a cada um dos incrementos da equação polinomial, é utilizada também a análise de variância.

Desse modo para a verificação de qual, entre duas superfícies, melhor se ajustou aos dados, efetua-se o seguinte teste (Davis, 1986):

Tabela 9.2 – Análise de variância para verificação da contribuição do incremento polinomial

| Fontes de variação | SQ | g.l. | MQ | F |
|---|---|---|---|---|
| Regressão de grau "p" | SQP | k | MSP | |
| Resíduos referentes a "p" | SQR | n – k – 1 | MSR | (1) MSP/MSR |
| Regressão de grau "p + 1" | SQP1 | m | MSP1 | |
| Resíduos referentes à "p + 1" | SQR1 | n – m – 1 | MSR1 | (2) MSP1/MSR1 |
| Regressão devido ao incremento de "p" para "p + 1" grau | SQI=SQP1 – SQP | m – k | MSI | (3) MSI/MSR1 |
| Total | SQT | n – 1 | | |

n: número de observações

grau p: k coeficientes, não contando o termo $a_0$

grau p+1: m coeficientes, não contando o termo $b_0$

(1) teste de significância relativo à superfície de tendência de grau p

(2) teste de significância relativo à superfície de tendência de grau p + 1

(3) teste de significância relativo à melhoria de ajuste da superfície p + 1 em comparação com a superfície p

$H_0$: a contribuição do incremento polinomial para o ajuste aos dados é nula

$H_1$: a contribuição do incremento polinomial para o ajuste aos dados é significativa

Na prática, devem-se se tomar cuidados em relação à aplicação desses testes estatísticos porque eles somente fornecem resultados confiáveis quando os resíduos são estocasticamente independentes, o que nem sempre ocorre, pois os resíduos apresentam, com frequência, uma significante auto-correlação espacial. Agterberg (1964, 1984a) e Watson (1971) apresentam uma discussão a respeito desse tema.

Se considerado o modelo linear

$$z(X,Y) = a_{00} + a_{10}X_i + a_{01}Y_j + e_{ij},$$

e assumindo que os $e_{ij}$ tenham média 0 (zero), sejam não correlacionados e normalmente distribuídos com variância $\sigma^2$, superfícies representando inter-valos de confiança podem ser determinadas segundo:

$$z*(x_i, y_j) \pm \sqrt{[kF_\alpha Q^2(x_i, y_j)s^2]}$$

$z*(x_i,y_j)$: valores estimados pela superfície de tendência;
k: número de coeficientes da superfície, igual a 3 para o caso da linear;
$F_\alpha$: valor a ser comparado, com k e n – k graus de liberdade e nível de signi-ficância $\alpha$
n: número total de pontos utilizados para a obtenção da superfície
$s^2$: estimativa da variância da população, estimada pela média quadrática
$Q^2(x_i, y_i)$: valor a ser computado para pontos com coordenadas $x_i$ e $y_i$

$$Q^2(x_i, y_j) = [1 \quad x_i \quad y_j][S]^{-1}\begin{bmatrix} 1 \\ x_i \\ y_j \end{bmatrix}$$

[S]: matriz de somas não corrigidas de quadrados e produtos de $z_i$

### 9.2.3 Comparação entre superfícies de tendência

De modo geral, a aplicação desta metodologia ocorre em situações em que se procura estudar o comportamento de uma única variável espacial, ou um único fenômeno, sobre uma determinada área. Existem, porém, situações mais complexas, tais como:

- distribuição de uma variável por diversas áreas diferentes como, por exem-plo, porcentagem de feldspatos em diversos corpos graníticos;
- distribuição de uma variável numa mesma área, porém a intervalos de tempo diferentes, por exemplo, variação do diâmetro médio dos sedimen-tos em uma praia no transcorrer de um ano;

- distribuição de diversas variáveis, correlacionadas entre si, sobre uma mesma área com valores obtidos não necessariamente nos mesmos locais de amostragem, por exemplo, distribuição geoquímica de elementos-traço.

Nessas situações surge sempre a questão de como se compararem as superfícies de tendência obtidas; nesse caso, existem alguns procedimentos para medir o grau de semelhança entre elas, os quais podem ser baseados em diferentes critérios:

- Coeficiente de correlação entre os valores estimados pelas superfícies

O cálculo do coeficiente de correlação linear para dados com distribuição espacial é realizado de modo a fornecer, num único valor, a estimativa do grau de similaridade ou desenvolver um coeficiente de correlação espacial. Mirchink & Bukhartsev (1960) formularam um *coeficiente de correlação estrutural* para a comparação entre estruturas em subsuperfície e que foi posteriormente aplicado por Merriam & Sneath (1966) para a comparação entre superfícies polinomiais.

$$r_0 = \frac{\Sigma(z^*_{1i} - \overline{z}_1)(z^*_{2i} - \overline{z}_2)}{n.s_{z1}.s_{z2}}$$

onde $z^*_{1i}$ e $z^*_{2i}$ são os valores das duas superfícies nos pontos ($U_i$ e $V_i$); $\overline{z}_1$ e $\overline{z}_2$ são as médias dos valores das duas superfícies, $s_{z1}$ e $s_{z2}$ são os desvios padrões desses valores e n o número de pontos amostrados.

Um alto valor de $r_0$ indicará uma boa correspondência entre as superfícies, porém, esse coeficiente somente deve ser aplicado quando as superfícies são provenientes da mesma área e não entre superfícies obtidas a partir da mesma variável medidas em diferentes áreas. Outro cuidado que se deve ter é ao se fazer a comparação entre superfícies que apresentem baixo valor de ajuste com os dados reais. Neste caso, um alto coeficiente não indica necessariamente uma alta correlação entre as variáveis sob estudo.

- Coeficientes das equações polinomiais que resultam as superfícies

Os coeficientes das equações polinomiais constituem um vetor de valores que efetivamente resumem a forma da superfície e, portanto, a caracterizam. O coeficiente inicial, $a_0$, é uma medida do valor absoluto da superfície em sua origem e duas superfícies com formatos idênticos, isto é, homólogas, mas diferentes em valores absolutos terão valores diferentes apenas em $a_0$. Os coeficientes restantes, $a_1$, $a_2$,...,$a_m$, descrevem o formato da superfície e estão relacionados às propriedades geométricas de forma, orientação e convexidade. Esses coeficientes podem, então, ser usados de duas maneiras: comparando-se tanto a forma como a posição absoluta quando todos os coeficientes são usados ou então comparando-se apenas a forma geométrica, descartando os coeficientes $a_0$.

Para o manuseio desses coeficientes é necessário, porém, tratá-los como valores escalares num único vetor e comparar esses vetores numericamente. Davis (1986, p.459) sugere que o coeficiente de correlação possa ser usado:

$$r = \frac{\text{cov}(a_{1i}, a_{2i})}{\sqrt{\text{var } a_{1i} \text{ var } a_{2i}}} \text{, para } i = 1, ..., m$$

onde $a_{1i}$ e $a_{2i}$ são os coeficientes vetoriais das duas superfícies.

O método deve ser restrito a situações em que os dois conjuntos de dados provenham da mesma rede de amostragem.

Uma outra alternativa para esse tipo de correlação é a análise taxonômica da similaridade entre os coeficientes das superfícies, ou seja, uma medida modificada da estatística $D^2$ de Mahalanobis (Davis, 1986, p.459).

$$d^2 = \sqrt{\frac{\Sigma(a_{1i} - a_{2i})^2}{m}}$$

onde $a_{1i}$ e $a_{2i}$ são os coeficientes das duas superfícies e m o número de coeficientes. Uma aplicação deste método pode ser encontrada em Merriam & Sneath (1966).

Problemas relacionados com este enfoque dizem respeito à inclusão ou não do coeficiente $b_0$ e a questão da padronização do vetor de coeficientes. Merriam & Sneath (1966) e Mandelbaum (1966) tratam desse tópico.

• Comparação entre vetores que descrevam a geometria das superfícies

Para superfícies lineares a respectiva geometria pode ser resumida em apenas duas medidas: direção e mergulho do plano. Esses valores podem ser calculados a partir dos três coeficientes da superfície:

direção: $\tan\alpha = \dfrac{a_2}{a_1}$

mergulho: $\theta = \sqrt{a_0^2 + a_1^2}$

Se as direções de duas superfícies de primeiro grau forem $\alpha_1$ e $\alpha_2$ e os respectivos mergulhos $\theta_1$ e $\theta_2$, a comparação entre as superfícies pode ser feita usando os cossenos entre os vetores que as representam:

$$DC_a = \cos|\alpha_1 - \alpha_2|; \; DC_b = \cos|\theta_1 - \theta_2|,$$

que irá variar de 0 (zero) para perfeita correspondência até 1 para a ortogonalidade.

Para superfícies quadráticas, ou de mais alta ordem, a direção e o mergulho irão variar de ponto a ponto, porém, em qualquer ponto ($U_i$ e $V_i$) sobre a superfície a linha de maior caimento pode ser calculada, segundo Sneath (1966, p.251), como:

$$F(U_iV_i)^2 = \frac{\delta Z^2}{\delta U} + \frac{\delta Z^2}{\delta V},$$

onde $F(U_iV_i)$ é o gradiente no ponto ($U_i$, $V_i$, $Z_i$), $\delta Z/\delta U$ é a derivada parcial de Z com respeito a U e $\delta Z/\delta V$ é a derivada parcial de z com respeito a V. O gradiente de qualquer ponto numa superfície contínua pode ser calculado a partir da equação polinomial dessa superfície. Assim para a superfície quadrática tem-se:

$$\frac{\delta z}{\delta U} = a_1 + a_2V + 2a_3U + a_4V + a_5V^2$$

Para a comparação entre superfícies de tendência, Goodman (1983) desenvolveu um programa em *FORTRAN*, denominado *COMPARE*, que calcula:

- coeficientes de correlação produto-momento e estrutural entre valores reais e valores previstos para a superfície $z^*_i$;
- distorções entre valores $z^*_i$ padronizados;
- correlação e distâncias taxonômicas entre coeficientes das superfícies;
- correlação e distâncias taxonômicas entre coeficientes da superfície ponderados pela contribuição percentual da soma de resíduos ao quadrado;
- comparação entre direções e mergulhos das superfícies de primeiro grau;
- correlação entre mergulhos de superfícies de primeiro e terceiro graus.

Uma outra aplicação da comparação entre superfícies de tendência é usar os valores calculados para as superfícies e respectivos resíduos mapeados para prever profundidades em subsuperfície do topo de uma unidade estratigráfica em locais onde não foram amostrados valores. Isso pode acontecer quando se estuda contorno estrutural de unidades estratigráficas em sequência.

Os valores obtidos em cada ponto da superfície, caraterizado pelas coordenadas ortogonais, são determinados pelo uso de coeficientes da equação polinomial calculados a partir dos dados retirados da malha de amostragem. Os valores residuais desses pontos podem ser adicionados aos valores calculados pela superfície, $z_i^*(c)$, para fornecer estimativas da profundidade do topo da unidade em estudo. Esta técnica fornece resultados potencialmente mais exatos do que aquela a partir de interpolações em superfícies de isovalores dos dados observados, $z_i(0)$, porque a distribuição absoluta dos valores residuais, $e_i$, e seu desvio padrão usualmente são menores que aqueles dos valores $z_i(0)$.

Uma extensão dessa técnica pode ser aplicada em áreas onde poços não penetraram totalmente camadas mais inferiores e se deseja prever, a partir da superfície superior, a configuração da superfície inferior. Nessas circunstâncias os valores residuais da superfície superior podem ser usados para prever se o topo da superfície inferior pode apresentar um valor maior ou menor que aquele computado, $z_i^*(c)$. Isso é possível:

- se as superfícies apresentarem configurações similares;
- se existir alguma correspondência entre os resíduos mapeados das duas unidades.

Um programa em *FORTRAN* para esse tipo de cálculo encontra-se em Sutterlin & Hastings (1986).

- Comparação entre matrizes de variâncias-covariâncias

*CORSURF* é um programa que compara superfícies de tendência a partir de matrizes de variâncias-covariâncias, desenvolvido por Krumbein et al. (1995). Essas matrizes têm propriedades aditivas, o que permite que os resultados possam ser usados como entradas para mapas de classificação, de comparação e de integração de dados. Este trabalho baseia-se essencialmente em Krumbein & Jones (1970), os quais mostraram, teoricamente, que a presença de tendência em área introduz uma componente de covariância entre duas variáveis mapeadas que é independente da natureza e pode ser prevista a partir dos coeficientes das superfícies e do arranjo espacial dos pontos amostrados.

Se duas variáveis mapeadas são correlacionáveis entre si e apresentam tendência, as componentes de tendência podem ser isoladas e a covariância existente pode ser atribuída aos resíduos, que passarão a representar uma estimativa da correlação presente.

Além dos programas citados, para o cálculo de superfícies de tendência existem na literatura diversos outros. O primeiro foi publicado por Krumbein (1959), surgindo, posteriormente, os desenvolvidos por Peikert (1963); Harbaugh (1964); Fox (1967), que trata da análise de dados vetoriais; Sampson & Davis (1967); Harbaugh & Merriam (1968); Pflug (1976); Clark (1977), Haining (1987), dentre outros. No pacote *Surfer for Windows*® há uma sub-rotina para confecção de mapas que utiliza polinômios não ortogonais (*polynomial regression*) para a construção de uma rede de pontos, fornecendo as superfícies de tendência e os respectivos resíduos.

## 9.2.4 Exemplos

São aqui apresentadas três aplicações desta metodologia, a primeira quando se elaborou um mapa topográfico suavizado da região centro-sul do Brasil para estudo da superfície Sul-Americana (Soares & Landim, 1976), outra, de cunho estratigráfico, sobre o Grupo Tubarão a partir de poços perfurados pela Petrobras no nordeste da Baia do Paraná (Landim, 1973) e, finalmente, uma aplicação à dados vetoriais (Corsi et al., 2002).

• Superfície de tendência na suavização do modelado

No estudo sobre os depósitos cenozoicos na região centro-sul do Brasil, foi investigada a posição da superfície de cimeira denominada "Sul-Americana" por King (1956), onde os testemunhos mais elevados de sedimentação cenozoica ocorrem. Para tanto, foram escolhidos os pontos de maior altitude, na carta ao milionésimo do centro-sul do Brasil por cela de $1°$ x $1°$, e a partir dessas cotas topográficas calcularam-se superfícies de tendência desde grau 1 até grau 6. Nesse trabalho o interesse dos autores era verificar, em escala regional, a configuração suavizada da Superfície Sul-Americana. Os resultados para as superfícies de grau 1 até grau 5 encontram-se na Figura 9.2. Os coeficientes de ajuste, $R^2$, para cada uma das superfícies foram: 0,638 para grau 1; 0,678 para grau 2; 0,750 para grau 3; 0,816 para grau 4; 0,855 para grau 5.

Na Figura 9.3, encontra-se a superfície de grau 6, com $R^2$ igual a 0,881, com a drenagem e algumas localidades associadas para facilitar a visualização geográfica da área estudada.

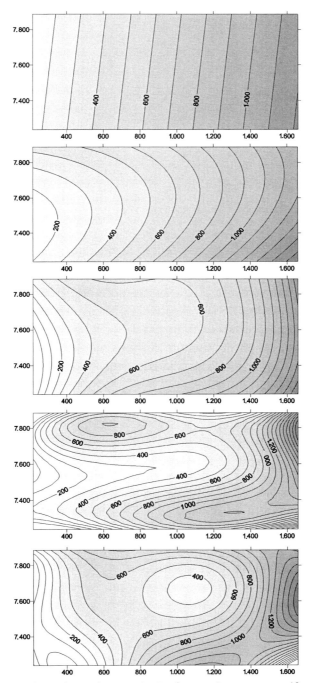

FIGURA 9.2 – Mapas de tendência de graus 1 a 5 referentes às cotas topográficas da "Superfície Sul-Americana".

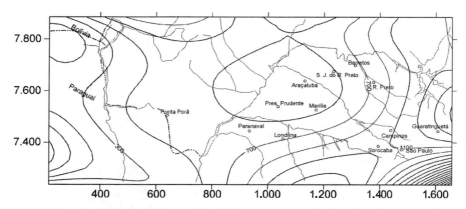

FIGURA 9.3 – Configuração da "Superfície Sul Americana" suavizada pela análise de tendência de grau 6.

- Superfície de tendência para obtenção de resíduos

O outro exemplo de aplicação da análise de superfície de tendência diz respeito ao estudo sobre a glaciação permocarbonífera no nordeste da Bacia do Paraná (Landim, 1973). Neste caso, foram tratadas as espessuras do Grupo Tubarão encontradas em apenas 11 poços na porção NE da Bacia do Paraná, distribuídos irregularmente entre os meridianos 20° a 24° S e 47° a 52° W e localizados segundo as suas coordenadas geográficas (Figura 9.4).

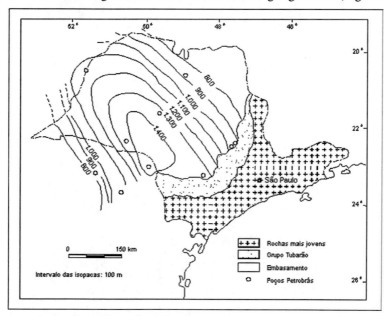

FIGURA 9.4 – Mapa de isopacas do Grupo Tubarão.

Foram encontrados os seguintes coeficientes para as três superfícies possíveis de serem calculadas, já que com 11 valores o máximo é até grau 3:

Coeficientes da superfície linear:
$Z(X,Y) = 1273.436 - 11.938Y - 9.451X$

Coeficientes da superfície quadrática:
$Z(X,Y) = 343.983 + 167.985Y - 8.962Y^2 + 211.009X - 13.550XY - 11.117X^2$

Coeficientes da superfície cúbica:
$Z(X,Y) = 356.704 - 369.350Y - 147.952Y^2 + 18.685Y^3 + 636.548X + 335.465XY - 14.854XY^2 - 169.911X^2 - 19.509X^2Y + 10.451X^3$

Pela aplicação desses coeficientes foram obtidos os seguintes valores estimados para as superfícies de graus 1, 2 e 3 e respectivos resíduos:

| Poço | X | Y | Z | R1 | Z*1 | R2 | Z*2 | R3 | Z*3 |
|---|---|---|---|---|---|---|---|---|---|
| Três Lagoas | 0,75 | 9,50 | 1.182 | 29,067 | 1.152,93 | -4,430 | 1.186,43 | -1,209 | 1.183,21 |
| Olímpia | 9,25 | 10,10 | 871 | -194,437 | 1.065,44 | 9,889 | 861,11 | -0,570 | 871,57 |
| Lins | 7,00 | 7,10 | 1.325 | 202,484 | 1.122,52 | -18,711 | 1.343,71 | 2,345 | 1.322,66 |
| P. Paulista | 4,30 | 4,75 | 1.387 | 210,911 | 1.176,09 | 22,284 | 1.364,72 | -3,441 | 1.390,44 |
| Jacarezinho | 6,40 | 2,35 | 1.411 | 226,106 | 1.184,89 | 30,504 | 1.380,50 | 0,726 | 1.410,27 |
| J. Távora | 6,20 | 1,65 | 1.281 | 85,859 | 1.195,14 | -58,037 | 1.339,04 | 3,315 | 1.277,69 |
| Assistência | 13,30 | 4,50 | 969 | -125,015 | 1.094,01 | 21,609 | 947,39 | 22,314 | 946,69 |
| Pitanga | 13,10 | 4,40 | 948 | -149,099 | 1.097,10 | -36,949 | 984,95 | -24,220 | 972,22 |
| C. Prenz | 10,60 | 1,85 | 1.374 | 222,831 | 1.151,17 | 28,107 | 1.345,89 | 1,1780 | 1.372,82 |
| Apucarana | 1,75 | 1,60 | 892 | -345,795 | 1.237,80 | 4,957 | 887,04 | 2,262 | 889,74 |
| S. J. Serra | 4,10 | 0,40 | 1.067 | -162,911 | 1.229,91 | 1,2610 | 1.065,74 | -2,467 | 1.069,47 |
| $R^2$ | | | | | 0,07052 | | 0,98233 | | 0,99748 |

As superfícies resultantes encontram-se na Figura 9.5.

De posse desses dados, alguns testes estatísticos foram efetuados com a intenção de verificar qual superfície teria se ajustado melhor a eles.

As porcentagens de redução na soma de quadrados fornecem uma indicação sobre a contribuição de cada uma das superfícies no ajustamento aos dados observados. Essas porcentagens são calculadas segundo (SSC/SSO)/100, onde:

SSC: soma corrigida dos valores computados ao quadrado;
SSO: soma corrigida dos valores observados ao quadrado.

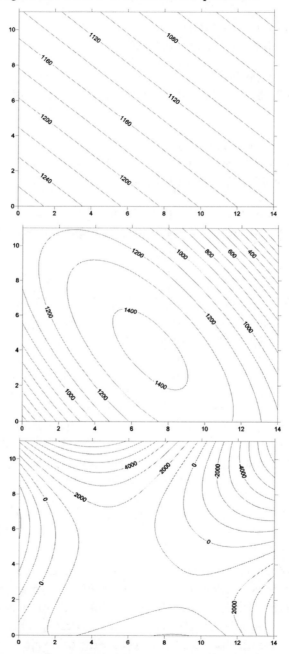

FIGURA 9.5 – Superfícies de grau 1, 2 e 3 referentes aos dados de espessura do Grupo Tubarão.

Os ajustes das superfícies, representados pela porcentagem de redução na soma de quadrados, mostram os seguintes valores, indicando que a melhor contribuição é fornecida pela superfície de grau 2.

| Grau 1 | |
| --- | --- |
| Ajustamento | 0,070 |
| Desvio | 0,930 |

| Grau 2 | |
| --- | --- |
| Ajustamento | 0,982 |
| Desvio | 0,018 |
| Acréscimo | 0,912 |

| Grau 3 | |
| --- | --- |
| Ajustamento | 0,995 |
| Desvio | 0,005 |
| Acréscimo | 0,013 |

Ao aplicar a análise de variância, constata-se, pelo teste F, que não apenas a superfície quadrática possui uma probabilidade de ocorrência ao nível de 95%, mas também o acréscimo de grau 1 para grau 2.

Tabela 9.3 – Análise de variância para verificação a validade do incremento polinomial

| Fontes de variação | SQ | g.l. | MQ | F | $F_{(.05)}$ |
| --- | --- | --- | --- | --- | --- |
| Total | 447.839,64 | 10 | | | |
| Devido à regressão linear | 31.583,55 | 2 | 15.791,77 | 0,30 | 4,46 |
| Desvios da linear | 416.256,09 | 8 | 52.032,01 | | |
| Devido à regressão quadrática | 439.927,15 | 5 | 87.985,43 | 55,60 | 5,05 |
| Desvios da quadrática | 7.912,49 | 5 | 1.582,50 | | |
| Devido à regressão cúbica | 446.736,75 | 9 | 49.637,43 | 45,01 | 240,54 |
| Desvios da cúbica | 1.102,89 | 1 | 1.102,89 | | |
| Incremento 1→2 | 408.343,6 | 3 | 136.114,53 | 86,01 | 5,40 |
| Incremento 2→3 | 6.809,6 | 4 | 1.702,40 | 1,54 | 224,58 |

Em consequência desses resultados, as considerações geológicas foram baseadas apenas na superfície de grau 2 (Figura 9.6), a qual, como esperado, apresenta uma configuração idêntica à do mapa de isópacas (Figura 9.4).

Os mapas de resíduos apresentam tanto valores negativos como positivos, os quais podem ser interpretados da seguinte maneira: os valores positivos indicam áreas tectonicamente negativas, ou seja, onde teria ocorrido um maior acúmulo de sedimentos, e os valores negativos indicam áreas tectonicamente positivas, isto é, regiões fornecedoras de material (Figura 9.6).

Tal mapa de desvios aponta uma zona tectônica ligeiramente positiva segundo o eixo Pitanga–Lins–Três Lagoas e outra bem mais pronunciada na região de São Jerônimo da Serra. Entre ambas há uma área tectonicamente negativa disposta no sentido NW.

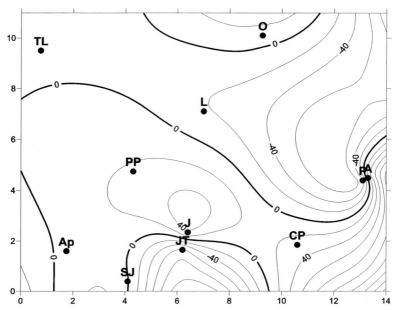

FIGURA 9.6 – Mapa de resíduos referente à superfície de grau 2.

A existência desse alto tectônico em ascensão durante a deposição Itararé explicaria os possantes corpos de diamictitos encontrados nos poços de Três Lagoas e Presidente Epitácio, além da alta porcentagem de diamictitos em Paraguaçu Paulista, e sugere compartimentação na Bacia do Paraná.

É importante assinalar o fato de o poço de Assistência ter sido apontado como área tectonicamente negativa e o de Pitanga tectonicamente positiva, ambos revelados pelo mapa de desvios. Isso se coaduna perfeitamente com a observação feita por Landim (1970) de que o poço de Pitanga, distante apenas 6 km a W do de Assistência, apresenta o contato Itararé-Cristalino com um desnível positivo de 223 m.

- Superfície de tendência para dados vetoriais

Estudos morfoestruturais podem basear-se na observação detalhada do relevo, principalmente no tocante a lineamentos e rede hidrográfica, com a intenção de estabelecer linhas gerais do arcabouço geológico estrutural subjacente. A hipótese é que determinados padrões de formas topográficas anômalas, registrados em superfície, sejam o reflexo de estruturas existentes em subsuperfície. Desse modo, as feições de relevo, encontradas em áreas sedimentares pouco movimentadas, adviriam de estruturas em subsuperfície e isso poderia ser demonstrado por uma análise morfoestrutural.

Ponte (1969) descreveu as bases fundamentais da técnica da análise de tendência vetorial, verificando sua aplicação prática, para prospecção de petróleo, em uma área da bacia de Sergipe–Alagoas. Baldissera (2001) aplicou a análise feita por Ponte a dados vetoriais na região do Domo de Pitanga (SP), comprovando que tal metodologia pode ser uma ferramenta com potencial geomorfológico para a melhoria da análise e interpretação dos resultados obtidos.

Para este exemplo selecionou-se o estudo feito por Corsi et al. (2002), em que foi aplicada a metodologia da análise de tendência vetorial na região do Triângulo Mineiro, visando determinar as áreas com comportamento de altos e baixos estruturais, tendo como alvo a aplicabilidade em prospecção de água subterrânea.

Para um grupo de vetores individuais pode-se obter um vetor médio, o qual apresenta duas propriedades: direção (equivalente ao ângulo médio) e comprimento, equivalente à variância dos dados. O comprimento varia de 0 a 1: valores maiores indicam que as observações estão agrupadas mais próximas em torno da média que os valores mais baixos. Com respeito ao comprimento, 0 (zero) indica a máxima dispersão e 1 a máxima concentração, ou seja, quanto maior o valor obtido, maior será a probabilidade de não uniformidade presente. Esses vetores médios, conhecidas as suas coordenadas geográficas, podem ser tratados pela análise de superfícies de tendência.

Desse modo foi realizado um levantamento de todos os lineamentos presentes na região do Triângulo Mineiro, utilizando imagens de satélite. Após a extração, foram digitalizados e, para a determinação do vetor médio, delimitou-se uma malha de 20 x 20 km. Dentro de cada célula o traço de fratura recebeu uma designação numérica, sendo coletados para cada traço as coordenadas UTM, o comprimento e o ângulo. Posteriormente os dados foram tratados para a determinação do vetor médio para cada célula.

Conforme pode ser observado no mapa da Figura 9.7, superior, a superfície de tendência de primeira ordem mostra uma nítida tendência de aumento dos ângulos dos lineamentos de NE para SW, variando de 72° a 84°.

O mapa de resíduos da superfície de primeiro grau (Figura 9.7, inferior), apresenta-se condizente com os resultados obtidos nas seções estruturais de subsuperfície para a indicação de altos e baixos estruturais.

Desta forma, onde os resíduos possuem valores negativos, observam-se altos estruturais e, ao contrário, onde os resíduos são positivos, identificam-se baixos estruturais. Neste mapa é possível distinguir dois altos estruturais, um na porção central da área e outro na porção leste, provavelmente refletindo o Alto do Paranaíba. O alto na porção central, Sutura de Itumbiara, separa dois baixos estruturais, individualizando duas depressões: Gurinhatã e Uberaba. A Depressão de Uberaba situa-se entre o Soerguimento do Alto Paranaíba e a Sutura de Itumbiara, ao passo que a Depressão de Gurinhatã é balizada por essa sutura e a Sutura Crustal de Três Lagoas. Essas depressões maiores podem mostrar-se compartimentadas internamente.

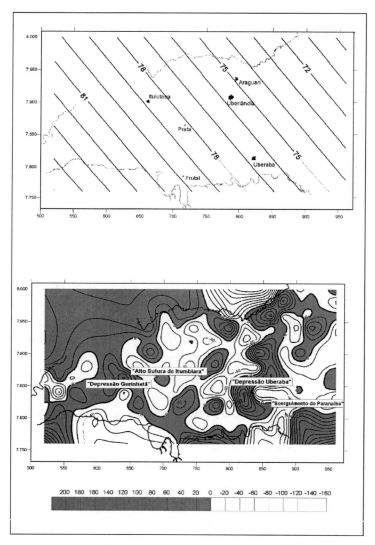

FIGURA 9.7 – Superfície de tendência vetorial de primeiro grau e respectivo mapa de resíduos ressaltando os altos e baixos estruturais.

# 10 Análise espacial de dados regionalizados

*Diz-me com quem andas e te direi quem és.*

Na África do Sul, pesquisadores, destacando-se entre eles o engenheiro de minas D. G. Krige e o estatístico H. S. Sichel, desenvolveram empiricamente uma técnica própria de estimativa para o cálculo de reservas minerais, a qual posteriormente recebeu tratamento formal no Centre de Morphologie Mathematique em Fontaineblau, França (Matheron, 1962 e 1963). Tal metodologia recebeu, de Matheron, o nome *Geoestatística* para o estudo das chamadas *variáveis regionalizadas*, ou seja, variáveis com condicionamento espacial.

A análise geoestatística preocupa-se, desse modo, com o entendimento, por meio de análise matemática, da gênese e leis naturais que governam fenômenos interpretados como regionais; da estimativa das variáveis regionais, ou algumas de suas características espaciais, usando informações e relações a partir de um conjunto discreto de amostras; e da avaliação dos erros de estimativa, para estabelecer o grau de segurança em previsões e os padrões ótimos de amostragem, que assegure que um erro máximo de estimativa não seja excedido.

De início a aplicação era apenas para situações em geologia mineira na lavra e prospecção, mas posteriormente se estendeu para outros campos, especialmente nesses últimos anos, com aplicação em climatologia, geologia ambiental, geotecnia, hidrogeologia, pedologia, entre outros. Praticamente todas as últimas versões de *softwares* para Confecção de Mapas ou Sistemas de Informações Georreferenciadas apresentam métodos geoestatísticos. O próprio Krige apresentou durante o 6º Congresso Internacional de Geoestatística, realizado em 2000 em Cape Town, África do Sul, uma avaliação da geoestatística nestes últimos 50 anos.

Como fontes introdutórias são recomendados os livros de Rendu (1981), Clark (1979), Brooker (1991) e Clark & Harper (2000); para aplicações em mineração, David (1977), Journel & Huijbregts (1978), Valente (1982), Guerra (1988) e Yamamoto (2001); para a utilização em Geociências, de um modo geral, Verly et al. (1984), Isaaks & Srivastava (1989), Samper-Calvete & Carrera-Ramírez (1996), Goovaerts (1997), Olea (1999), Chilès & Delfiner (1999) e Soares (2000).

Atualmente o termo *geoestatística* é consagrado como um tópico especial da estatística aplicada que trata de problemas referentes às *variáveis regionalizadas*, as quais têm um comportamento espacial mostrando características intermediárias entre as variáveis verdadeiramente aleatórias e aquelas totalmente determinísticas. Apresentam uma aparente continuidade no espaço, sendo representadas por funções numéricas ordinárias que assumem um valor definido a cada ponto no espaço e matematicamente descrevem um fenômeno natural. A continuidade geográfica atribuída se manifesta pela propriedade que a variável tem de apresentar valores muito próximos em dois pontos vizinhos e progressivamente mais diferentes à medida que os pontos vão ficando mais distantes. Além dessa propriedade, a variável regionalizada pode apresentar os seguintes atributos: localização, anisotropia e transição. No campo da prospecção mineira, por exemplo, tais variáveis podem ser o teor de um corpo de minério, o ângulo de mergulho de uma camada, a espessura de um veio metalífero, o grau de oxidação de sulfetos etc. Ainda que a variável regionalizada seja contínua no espaço, geralmente não é possível conhecer os seus valores em todos os pontos, mas sim apenas em alguns que foram obtidos por amostragem. O tamanho, a forma, a orientação e o arranjo espacial dessas amostras constituem o suporte da variável regionalizada, que apresentará características diferentes se qualquer desses atributos for modificado.

A geoestatística se preocupa, portanto, com a estimativa da variação regionalizada em uma, duas ou três dimensões, e mesmo no tempo, e para se obterem resultados práticos é preciso que se conheça, pelo menos parcialmente, a função de densidade de probabilidade que governa a ocorrência da variável regionalizada. Como na estatística convencional, esse conhecimento pode se basear tanto num bom modelo teórico como numa análise empírica utilizando-se uma amostra bastante grande. A complexidade das variáveis regionalizadas exclui a formulação de um modelo teórico, deixando como única solução a determinação empírica ou relativa das probabilidades presentes. Como uma variável regionalizada é o resultado único de uma função aleatória, é possível fazerem-se inferências estatísticas baseando-se em apenas uma amostra; para resolver esse impasse, a geoestatística utiliza uma restrição estacionária, semelhante em concepção à *ergodicidade* nas séries de tempo dependentes. A restrição é chamada *hipótese intrínseca* e permite o uso de resultados de uma variável regionalizada por estimativa pelo método dos momentos. Em termos simples, a propriedade ocorre quando a média e a covariância, estimadas a partir de um conjunto restrito de valores, fornecem estimativas não tendenciosas para o conjunto total de valores. Uma variável aleatória estacionária é sempre estacionária no que se refere à sua média e à sua função de autocovariância.

Sejam $x(i)$ e $x(i + h)$ dois valores de uma variável regionalizada obtidos nos pontos $i$ e $i + h$, separados entre si por uma distância $h$ vetor com direção e orientação específica em um espaço a uma, duas ou três dimensões. A diferença entre esses dois valores é outra variável aleatória $[x(i) - x(i + h)]$. A hipótese intrínseca estabelece que $[x(i) -x(i + h)]$ é *estacionária de segunda ordem*. Em outras palavras, uma variável regionalizada satisfaz a hipótese intrínseca se, para qualquer deslocamento $h$, os dois primeiros momentos da diferença $[x(i) -x(i + h)]$ são independentes da localização de $x$ e função apenas de $h$:

$$E[x(i) -x(i + h)] = m(\vec{h}), \text{ estacionaridade de primeira ordem}$$

$$E[(x(i) -x(i + h)) -m(\vec{h})] = 2\,\gamma\,(\vec{h}), \text{ estacionaridade de segunda ordem}$$

$$m(\vec{h}) \text{ representa a tendência ou deriva } (drift).$$

O comportamento de uma variável regionalizada pode, portanto, variar desde uma situação fracamente estacionária, em que os valores esperados da variável, assim como suas covariâncias espaciais, são os mesmos por uma determinada área, até uma situação na qual ocorre uma estacionaridade apenas nas vizinhanças de uma zona restrita e os valores esperados variam de maneira regular nessa vizinhança.

No estudo do comportamento das variáveis regionalizadas há duas ferramentas fundamentais dos métodos geoestatísticos: o *semivariograma* e a *krigagem*. Um glossário contendo termos geoestatísticos em inglês, porém com traduções, inclusive para o português, é encontrado em Olea (1991).

## 10.1 Variograma e semivariograma

Seja uma variável regionalizada $x(i)$ coletada em diversos pontos $i$ regularmente distribuídos. O valor de cada ponto está relacionado de algum modo com valores obtidos a partir de pontos situados a uma certa distância, sendo razoável pensar que a influência é tanto maior quanto menor for a distância entre os pontos. Para expressar essa relação é definido o vetor de distância $\overrightarrow{\Delta h}$, o qual tem uma orientação específica. O grau de relação entre pontos numa certa direção pode ser expresso pela covariância e, embora a covariância exista entre todas as distâncias possíveis ao longo de h, pode ser estipulado que somente sejam considerados valores entre pontos regularmente espaçados por múltiplos inteiros de $\Delta h$.

A covariância entre valores encontrados nessas distâncias separadas por $\Delta h$ ao longo de h é

$$C(h) = C(\Delta h) = \frac{1}{n} \Sigma\, x_i\, x_{i+h}$$

Isso significa que a covariância é igual à média dos produtos-cruzados dos valores x(i) encontrados nos pontos i pelos valores x(i + h) encontrados nos pontos i + h, distantes a um intervalo $\Delta h$, e n representa o número de pares de valores comparados. Desse modo, a covariância dependerá do tamanho do vetor h. Se h = 0, C(h) passa a representar a variância.

$$C(0) = \frac{1}{n} \Sigma [x_i\, x_{i+0}]^2 = var(X)$$

Assim, pode-se calcular uma função, denominada *semivariância*, definida como metade da variância das diferenças.

$$\gamma(\overrightarrow{h}) = \gamma(h) = \frac{1}{2n} \Sigma (x_{i+h} - x_i)^2$$

Lembrando que $var(X) = \Sigma x^2/n - (\Sigma\, x/n)^2$, pode-se representar $\gamma(h)$ por

$$\gamma(h) = [1/2n\Sigma(x_{i+h} - x_i)^2] - [1/2n\, \Sigma\, (x_{i+h} - x_i)\,]^2.$$

Como a média da variável regionalizada x(i) é também a média da variável regionalizada x(i + h), pois se trata das mesmas observações, apenas tomadas em i e em i + h, e assumindo estacionariedade, tem-se que

$$[1/2n\, \Sigma\, (x_{i+h} - x_i)]]^2 = 0,$$

$$\gamma(h) = [1/2n\, \Sigma(x_{i+h} - x_i)^2] = 1/2n\, [(\Sigma\, x_{i+h}{}^2) + (\Sigma\, x_i{}^2)] - 1/n\, (\Sigma\, x_{i+h}x_i),$$

e isso significa que $\gamma(h) = C(0) - C(h)$

O vetor h apresentando-se infinitamente pequeno faz que a variância seja mínima e a covariância máxima. Haverá um valor h para o qual ambas podem apresentar valores aproximadamente iguais, porém, à medida que h aumenta, a covariância diminui ao passo que a variância aumenta, porque ocorre progressivamente maior independência entre os pontos a distâncias cada vez maiores.

A semivariância distribui-se assim de 0 (zero), quando h = 0, até um valor igual à variância das observações para um alto valor de h, se os dados forem estacionários, isto é, não ocorrer a presença de deriva. Essas relações são mostradas quando se coloca a função $\gamma$(h) em gráfico contra h para originar o semivariograma. A distância segundo a qual $\gamma$(h) atinge um patamar, denominado soleira (*sill*), igual à variância *a priori* dos dados, chama-se alcance ou amplitude (*range*). Geralmente a soleira é representada por C e o alcance por a. Como notado por Davis (1986), a semivariância não é apenas igual à média das diferenças ao quadrado entre pares de pontos espaçados a distâncias h, mas também é igual à variância dessas diferenças.

O semivariograma mostra a medida do grau de dependência espacial entre amostras ao longo de um suporte específico e, para sua construção, são usadas simplesmente as diferenças ao quadrado dos valores obtidos, assumindo-se uma estacionaridade nos incrementos. O semivariograma é uma medida da variabilidade, por exemplo, geológica em relação à distância. Essa variabilidade geológica é bastante diferente quando consideradas diferentes direções; assim, em estratos sedimentares ocorre maior correlação de valores nos planos horizontais do que entre camadas.

Para construir um semivariograma é necessário, portanto, dispor de um conjunto de valores obtidos a intervalos regulares dentro de um mesmo suporte geométrico. Sendo x(1), x(2), ... x(i), ... x(n), realizações de uma variável regionalizada, tendo uma mesma função intrínseca e satisfazendo à hipótese intrínseca, a fórmula a seguir fornece uma estimativa não tendenciosa da semivariância:

$$\gamma(h) = \frac{1}{2n}\Sigma(x_{i+h} - x_i)^2.$$

O estudo é feito em uma direção ao longo de uma linha ou ao longo de uma série de linhas paralelas, utilizando n possíveis diferenças a intervalos h ou múltiplos de h.

Em lugar do termo semivariograma, é muito comum o uso da expressão variograma, porém, para o cálculo leva-se sempre em consideração a divisão por 2n.

Em Clark (1979), é apresentada a construção de um semivariograma a partir de uma rede regular, com espaçamento de 100 pés. Trata-se de um depósito estratiforme de ferro com valores em porcentagem por peso (Figura 10.1).

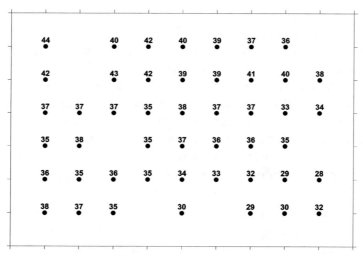

FIGURA 10.1 – Identificação da rede de amostragem, segundo Clark (1979).

Para o cálculo dos semivariogramas são encontradas as somatórias dos quadrados das diferenças e posterior divisão por duas vezes o número dessas diferenças. Assim para a direção Leste-Oeste inicia-se com o menor intervalo possível, ou seja, 100 pés da seguinte maneira:

$\gamma^*(100) = [\ (40-42)^2 + (42-40)^2 + (40-39)^2 + (39-37)^2 + (37-36)^2 +$
$(43-42)^2 + (42-39)^2 +$
$(39-39)^2 + (39-41)^2 + (41-40)^2 + (40-38)^2 + (37-37)^2 + (37-37)^2 +$
$(37-35)^2 + (35-38)^2 +$
$(38-37)^2 + (37-37)^2 + (37-33)^2 + (33-34)^2 + (35-38)^2 + (35-37)^2 +$
$(37-36)^2 + (36-36)^2 +$
$(36-35)^2 + (36-35)^2 + (35-36)^2 + (36-35)^2 + (35-34)^2 + (34-33)^2 +$
$(33-32)^2 + (32-29)^2 +$
$(29-28)^2 + (38-37)^2 + (37-35)^2 + (29-30)^2 + (30-32)^2\ ] / [2 \times 36] =$
1,46

Para o intervalo de 200 pés:

$\gamma^*(200) = [\ (44-40)^2 + (40-40)^2 + (42-39)^2 + (40-37)^2 + (39-36)^2 +$
$(42-43)^2 +$
$(43-39)^2 + (42-39)^2 + (39-41)^2 + (39-40)^2 + (41-38)^2 + (37-37)^2 +$
$(37-35)^2 + (37-38)^2 +$

$(35 - 37)^2 + (38 - 37)^2 + (37 - 33)^2 + (37 - 34)^2 + (38 - 35)^2 + (35 - 36)^2 +$
$(37 - 36)^2 + (36 - 35)^2 +$
$(36 - 36)^2 + (35 - 35)^2 + (36 - 34)^2 + (35 - 33)^2 + (34 - 32)^2 + (33 - 29)^2 +$
$(32 - 28)^2 + (38 - 35)^2 +$
$(35 - 30)^2 + (30 - 29)^2 + (29 - 32 ] / [2 \times 33] = \mathbf{3{,}30}$

E assim por diante, tanto para a direção Leste–Oeste como para a Norte–Sul. O resultado apresenta-se na seguinte tabela:

| Direção | Distância | Semivariograma | N$^{os}$ Pares |
|---|---|---|---|
| Leste–Oeste | 100 | 1,46 | 36 |
| | 200 | 3,30 | 33 |
| | 300 | 4,31 | 27 |
| | 400 | 6,70 | 23 |
| Norte–Sul | 100 | 5,35 | 36 |
| | 200 | 9,87 | 27 |
| | 300 | 18,88 | 21 |

Estes resultados permitem a construção dos semivariogramas nas duas direções consideradas, e o que se pode perceber é que há uma distinta diferença na estrutura dos dados ao longo das duas direções (Figura 10.2). Na direção Norte–Sul os valores aumentam muito mais rapidamente, sugerindo uma maior continuidade na direção Leste–Oeste.

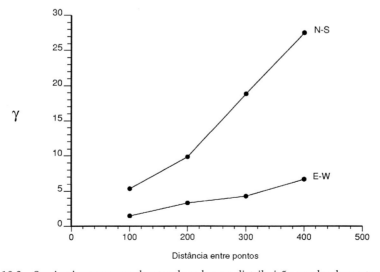

FIGURA 10.2 – Semivariogramas resultantes da rede com distribuição regular de pontos.

O semivariograma relaciona-se com o correlograma da seguinte maneira:
$\gamma(h) = \sigma^2 [1-\rho(h)]$, onde $\sigma^2$ é a variância e $\rho(h)$ a autocorrelação no intervalo h.

De modo inverso, $\rho(h) = 1-\gamma(h)/\sigma^2$.

O coeficiente de autocorrelação depende, pois, da variância, que não pode ser infinita, e como a semivariância é livre dessa restrição, torna-se preferida. Além disso, o uso da semivariância revela com mais facilidade a presença de tendência (*drift*) nos dados. O variograma é uma medida da variabilidade com $\gamma$ aumentando à medida que os valores das amostras se mostram mais dissimilares. A covariância é uma medida estatística usada para indicar correlação, ou seja, é uma medida de similaridade.

Eventualmente as variáveis regionalizadas não se apresentam estacionárias, mas sim exibem mudanças em seus valores médios de lugar para lugar e, assim sendo, não apresentam as propriedades até aqui descritas. Deve-se, no entanto, verificar a notação para o cálculo do semivariograma $\gamma(h)$. A equação consta de duas partes, sendo a primeira a diferença entre pares de pontos e a segunda a média dessas diferenças. Se a variável for regionalizada, o segundo termo desaparece, e em caso contrário esse termo passa a apresentar algum valor. A variável regionalizada pode, pois, ser considerada como composta por duas partes, o resíduo e a tendência. A tendência é o valor esperado da variável regionalizada em um determinado ponto i, ou a média ponderada de todos os pontos em torno de uma vizinhança de i. É uma aproximação da variável regionalizada real. Se a tendência for subtraída da variável regionalizada, os resíduos $R(i) = x_i - x'_i$, passam a ser eles mesmos a variável regionalizada e terão localmente médias iguais a 0 (zero). Como os resíduos são estacionários, é possível então calcular o semivariograma. A obtenção do semivariograma seja dos dados reais, seja dos resíduos é de fundamental importância nos estudos geoestatísticos e faz parte da chamada análise estrutural. Isso requer, porém, principalmente experiência, mesmo paciência e, em muitos casos, sorte também.

Os semivariogramas expressam, desse modo, o comportamento espacial da variável regionalizada ou de seus resíduos e mostram:

- o tamanho da zona de influência em torno de uma amostra, pois toda amostra cuja distância ao ponto a ser estimado for menor ou igual ao alcance fornece informações sobre o ponto;
- a anisotropia, quando os semivariogramas mostram diferentes comportamentos para diferentes direções de linhas de amostragem e de estudo

da variável; neste caso a anisotropia pode ser geométrica quando o alcance varia de acordo com as diversas direções consideradas, mantendo constante a soleira e zonal quando o alcance permanece constante e a soleira varia conforme é modificada a direção;

- continuidade, pela forma do semivariograma, em que para h $\cong$ 0, $\gamma$(h) já apresenta algum valor. Essa situação é conhecida como *efeito pepita* (*nugget effect*) e é representada por C0. O efeito pepita pode ser atribuído a erros de medição ou ao fato de os dados não terem sido coletados a intervalos suficientemente pequenos para mostrar o comportamento espacial subjacente do fenômeno em estudo.

Como já explicado, para a confecção dos semivariogramas experimentais são computados valores de $\gamma$(h) confrontando-os com os respectivos h. As somatórias necessárias para o cálculo de $\gamma$(h), porém, devem ser constituídas por um número suficiente de pares, que tornem o resultado consistente. Como regra prática, adota-se para tanto um mínimo de 30 pares, o que pode ser conseguido se for escolhido como maior h, a metade da maior distância existente entre os pontos. Isto significa que, para uma análise geoestatística, exige-se que o número de pontos amostrados seja razoável.

Uma outra consideração importante a ser feita é determinar o grau de aleatoriedade presente nos dados pela fórmula E = C0/C (Guerra, 1988):

E<0,15: componente aleatória pequena;
0,15 $\leq$ E $\leq$ 0,30: componente aleatória significante
E > 0,30: componente aleatória muito significativa.

O extremo dessa situação é o modelo de pepita pura, no qual não ocorre covariância entre os valores e, portanto, a análise semivariográfica não se aplica, sendo sugerido o uso de outros métodos de interpolação. É oportuno lembrar, também, que em diversas circunstâncias os variogramas obtidos refletem uma situação real em que há uma combinação de diversos variogramas.

De posse do semivariograma experimental, é necessário ajustá-lo a um modelo teórico, existindo um grande número deles. Aqui são apresentados os mais comumente utilizados. Uma arrazoada crítica sobre a interpretação de variogramas e sua modelagem encontra-se no artigo de Gringarten & Deutsch (2001)

a) Modelos com soleira
a.1) Modelo esférico

$$\gamma(h) = C \left[ \frac{3}{2}\left(\frac{h}{a}\right) - \frac{1}{2}\left(\frac{h}{a}\right)^3 \right], \text{ quando } h < a$$

$$\gamma(h) = C, \text{ quando } h \geq a,$$

neste modelo a inclinação da tangente junto à origem ($h \cong 0$) é $3C/2a$; é o modelo mais comum, podendo-se afirmar que equivale à função de distribuição normal da estatística clássica.

a.2) Modelo exponencial

$$\gamma(h) = C \left[ 1 - e^{-3h/a} \right],$$

neste modelo a inclinação da tangente junto à origem é $C/a$; C é a assíntota de uma curva exponencial e pode ser equalizada junto à soleira; "a" corresponde ao alcance prático igual à distância segundo a qual 95% da soleira foi alcançada.

a.3) Modelo gaussiano

$$\gamma(h) = C \left[ 1 - e^{(-3h/a)^2} \right]$$

a curva é parabólica junto à origem e a tangente nesse ponto é horizontal, o que indica pequena variabilidade para curtas distâncias; "a" corresponde ao alcance prático igual à distância segundo a qual 95% da soleira foi alcançada.

b) Modelos sem soleira

b.1) Modelo potencial

$\gamma(h) = Ch^\alpha$, com a potência $\alpha$ assumindo valores entre 0 e próximo a 2; quando $\alpha = 1$ o modelo torna-se linear;

$$\gamma(h) = ph, \text{ sendo } p \text{ a inclinação da reta;}$$

é o modelo mais simples que origina uma reta passando pela origem do gráfico.

Na prática, muitos semivariogramas compreendem uma mistura de dois ou mais dos modelos apresentados. Nos modelos sem soleira, como o linear, a indicação é de que os dados apresentam uma variância infinita e não ocorre uma função de covariância; neste caso, a hipótese intrínseca é a única aceitável. Já para os semivariogramas que atingem um *sill*, como o esférico, a função de covariância acha-se presente (Figura 10.3)

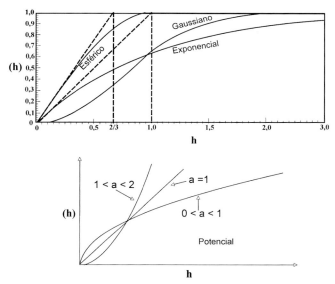

FIGURA 10.3 – Tipos de modelos de semivariogramas.

Para dados que estão irregularmente distribuídos no espaço bidimensional não é possível, em princípio, encontrar pares de amostras suficientes com exatamente o mesmo espaçamento h para o cálculo em uma determinada direção, como feito com dados dispostos em malha regular. Para contornar essa situação, define-se uma distância de tolerância $\Delta h$ para o espaçamento h entre os pares de amostras de um ângulo de tolerância $\Delta \alpha$ para a direção $\alpha$ considerada. Assim para o cálculo do semivariograma de uma distribuição irregular de pontos ao longo de uma determinada direção $\alpha$, consideram-se todas as amostras que se encontram no ângulo $\alpha \pm \Delta \alpha$, e, em seguida, classificam-se os pares de amostras em classes de distância h $\pm \Delta h$, 2h $\pm \Delta h$ ..., onde h é a distância básica. As direções consideradas e seus respectivos ângulos de tolerância devem cobrir a área toda (Figura 10.4).

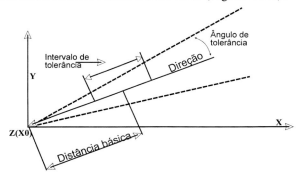

FIGURA 10.4 – Esquema de obtenção de valores para semivariograma a partir de rede irregular.

Não se tendo certeza se o fenômeno em estudo é isotrópico ou anisotrópico, para a estimativa do semivariograma experimental, no espaço bidimensional, inicialmente consideram-se quatro direções – E–W, N–S, NE–SW e NW–SE, com um ângulo de abertura com tolerância de 45°. Quando se constata uma direção bem marcante de anisotropia deve-se adotar tal direção com um pequeno ângulo de tolerância ($\alpha^0 \pm \Delta\alpha^0$) para estimar o semivariograma nessa direção. Melhores estimativas são obtidas quando os modelos são baseados em semivariogramas experimentais que apresentam a menor razão "efeito pepita/patamar" e, também, o maior alcance.

Na expressão para o cálculo do semivariograma:

$$\gamma\,(h,\,\alpha) = 1\,/2n\,[\Sigma(\,x\,(i{+}h) - x\,(i))^2]$$

a distância h torna-se $h \pm \Delta h$ e a direção $\alpha$ torna-se $\alpha \pm \Delta\alpha$ .

Em resumo, para a utilização do semivariograma são requeridas as seguintes suposições básicas:

- as diferenças entre pares de valores de amostras são determinadas apenas pela orientação espacial relativa dessas amostras;
- o interesse é enfocado apenas na média e na variância das diferenças, significando que esses dois parâmetros dependem unicamente da orientação (hipótese intrínseca);
- por conveniência, assume-se que os valores da área de interesse não apresentam tendência que possa afetar os resultados e, assim, a preocupação é apenas com a variância das diferenças entre valores das amostras.

A modelagem, ou seja, o ajuste de um variograma experimental a um teórico é um passo fundamental na análise variográfica, sendo um processo que envolve várias tentativas e no qual a experiência pesa muito. Pode-se optar por um ajuste manual por comparação visual, mais suscetível a erros, ou, com o auxílio de algoritmos, para ajustes automáticos, como apresentado em Cressie (1985), Webster & McBratney (1989), Jian et al. (1996), Pannatier (1996) e Pardo-Igúzquiza (1999). Deve-se acrescentar, em seguida, a essa verificação a "validação cruzada". Nessa análise, após obtido o modelo variográfico, cada valor original é removido do domínio espacial e, usando-se os demais, um novo valor é estimado para esse ponto. Desse modo, um gráfico pode ser construído mostrando a relação entre valores reais e valores estimados. A validação cruzada, porém, não prova que o modelo escolhido é o mais correto, mas sim que ele não é inteiramente incorreto. A melhor verificação, então, é aquela resultante do confronto entre os valores estimados e a realidade de campo.

As Figuras 10.5, 10.6, 10.7 e 10.8 apresentam alguns modelos de variograma ajustados e o respectivo gráfico resultante da validação cruzada. O ajuste é indicado, no gráfico, pela relação entre a reta a 45° e a obtida pela análise. Um valor igual a 1,0 significa uma indicação de ajuste perfeito.

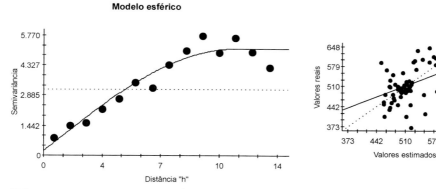

FIGURA 10.5 – Ajuste ao modelo esférico: 0,548.

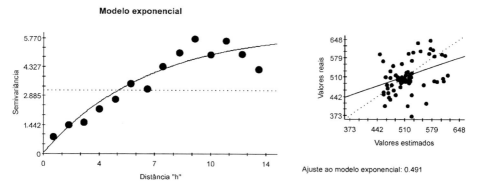

FIGURA 10.6 – Ajuste ao modelo exponencial: 0,491.

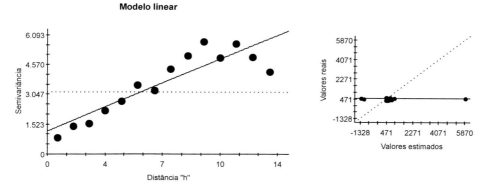

FIGURA 10.7 – Ajuste ao modelo linear: 0,004.

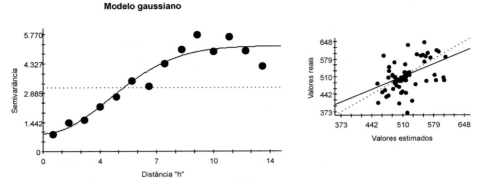

FIGURA 10.8 – Ajuste ao modelo gaussiano: 0,726.

A análise dos resíduos, ou seja, as diferenças entre os valores reais e os valores estimados é, também, uma importante técnica para avaliar o ajuste do semivariograma. Para uma solução satisfatória, espera-se obter nessa análise um histograma simétrico, com média 0 (zero) e a menor variância possível.

O exposto neste item procurou demonstrar que num estudo geoestatístico a parte fundamental refere-se à determinação do semivariograma. Isso é importante e todo o cuidado deve ser tomado na variografia para uma criteriosa análise geoestatística.

## 10.2 Krigagem

*Krigagem* é um processo de estimativa de valores de variáveis distribuídas no espaço, e/ou no tempo, a partir de valores adjacentes enquanto considerados como interdependentes pelo semivariograma. Trata-se, em último caso, de um método de estimativa por médias móveis. É a tradução, aqui adotada, do francês *krigeage*, e do inglês *kriging*, termo cunhado pela escola francesa de geoestatística em homenagem ao engenheiro de minas sul-africano e pioneiro na aplicação de técnicas estatísticas em avaliação mineira, Daniel G. Krige. Em Cressie (1990), encontra-se um histórico sobre as origens dessa metodologia.

A krigagem pode ser usada para:

- previsão do valor pontual de uma variável regionalizada em um determinado local dentro do campo geométrico; é um procedimento de interpolação exato que leva em consideração todos os valores observados, o qual pode ser a base para cartografia automática por computador quando se dispõem de valores de uma variável regionalizada dispostos por uma determinada área;

- cálculo médio de uma variável regionalizada para um volume maior que o suporte geométrico como, por exemplo, no cálculo do teor médio de uma jazida a partir de informações obtidas de testemunhas de sondagens; para este caso específico, é melhor utilizar a simulação geoestatística, não abordada neste livro;
- estimativa da deriva, de modo similar à análise de superfícies de tendência.

Em todas essas situações o método fornece, além dos valores estimados, o erro associado a tal estimativa, o que o distingue dos demais algoritmos à disposição. A krigagem usa informações a partir do semivariograma para encontrar os pesos ótimos a serem associados às amostras que irão estimar um ponto, um painel ou um bloco. Como o semivariograma é uma função da distância entre locais de amostragens, mantendo o mesmo número de amostras, os pesos são diferentes de acordo com o seu arranjo geográfico. O uso do semivariograma para a estimativa por krigagem não exige que os dados tenham distribuição normal, mas a presença de distribuição assimétrica, com muitos valores anômalos, deve ser considerada, pois a krigagem é um estimador linear.

A krigagem, entendida como um estimador que se baseia numa série de técnicas de análise de regressão, sejam elas lineares ou transformações não lineares, procura minimizar a variância estimada a partir de um modelo prévio que leva em conta a dependência estocástica entre os dados distribuídos no espaço. Existem várias formas e neste texto são consideradas as mais usuais, ou seja, *krigagem ordinária, krigagem universal* e *krigagem indicativa*, além da *cokrigagem*.

Com a krigagem torna-se viável a melhor estimativa possível para locais não amostrados, pela minimização da variância do erro. Todavia não há garantia que o mapa obtido pela krigagem tenha o mesmo semivariograma e a mesma variância que os dados originais, pois trata-se, pela própria natureza do método, de um mapa com valores suavizados. Esta questão é resolvida pela simulação, que permite infinitas realizações de mapas, cada qual com aproximadamente o mesmo semivariograma e a mesma variância que os dados originais. Teoricamente a média de um grande número de mapas simulados deve fornecer resultados mais reais e, consequentemente, mais confiáveis para predições. A simulação tenta atingir realismo e a estimativa, acurácia.

## 10.2.1 Krigagem ordinária

A *krigagem ordinária* é uma técnica de estimativa linear para uma variável regionalizada que satisfaz à hipótese intrínseca. Em contraste com a *krigagem simples* que, sob a hipótese da estacionaridade de segunda ordem, exige que a média seja conhecida, neste caso a média é desconhecida. Na krigagem ordinária é assumida a hipótese de quase estacionaridade, também conhecida como estacionaridade regional.

A krigagem ordinária é usada quando a variável regionalizada é estacionária de primeira ordem. Para variáveis não estacionárias, ou seja, com deriva, mas para cujos resíduos a hipótese intrínseca se encaixa, utiliza-se o procedimento mais geral denominado *krigagem universal*.

Seja um ponto, uma área ou um bloco que se deseja estimar, sendo o valor real desconhecido representado por V. O valor estimado (V*) é calculado, utilizando n amostras localizadas segundo coordenadas conhecidas, com valores x1, x2, x3....xn (conjunto S), de forma linear, como, por exemplo, por meio da técnica da ponderação pelo inverso das distâncias.

$V^* = p_1 x_1 + p_2 x_2 + p_3 x_3 + ... + p_n x_n$, onde os $p_i$ são os pesos atributos a cada amostra i.

É evidente que existe associado a esse estimador um erro $\varepsilon = V - V^*$ e que se, teoricamente, diversas estimativas forem feitas a média de erros será 0 (zero). Se os erros, portanto, apresentarem valores próximos a 0 (zero), o estimador será de confiança e isso poderá ser verificado pela distribuição desses valores. A maneira mais simples de medir estatisticamente tal distribuição é via desvio padrão ou pela variância. No caso em questão, porém, a variância não pode ser obtida porque não se conhece o valor real que se está estimando e, portanto, também não se sabe qual o erro associado.

Variância dos erros = $\sigma_\varepsilon^2$ = desvios ao quadrado em relação ao erro médio = média de $(V-V^*)^2$.

Para encontro da variância pode-se, porém, utilizar o semivariograma, em que são medidas as diferenças ao quadrado. Num semivariograma previamente calculado, dada uma distância $h$ entre os pontos, pode-se estimar a variância simplesmente lendo o valor no eixo dos $\gamma$'s multiplicando-o por 2:

$$\sigma_\varepsilon^2 = 2\gamma(h)$$

Se, porém, deseja-se estimar não apenas um ponto, mas também o teor médio de uma área, os mesmos argumentos apresentados anteriormente são válidos, sendo acrescido que o erro médio é próximo de 0 (zero) se não ocorrer uma tendência local, ou seja, se os valores forem estacionários. A variância estimada passa a ser então, utilizando o semivariograma, entre o teor de um ponto de amostragem e o teor médio de toda a área a ser estimado. Como o semivariograma somente compara pontos, o que se faz é comparar o valor obtido no ponto de amostragem com cada ponto dentro da área e em seguida encontrar a média desses valores. Essa quantidade pode ser definida como $\bar{\gamma}$ (S, A), que toma o lugar de $\bar{\gamma}$(h) no caso anterior. Como se necessita da variância do erro feito quando se compara o teor médio da área e a amostra, e não entre os pontos individuais existentes na área considerada e o ponto de amostragem, a quantidade $2\gamma$(S,A) é usada. Como também deve ser levada em consideração a variação de todos os pontos dentro da área, faz-se uma correção que fornece o valor (A,A), ou seja, o semivariograma médio entre todos os pontos possíveis da área, chamado cálculo de efeito suporte.

Desse modo,

$$\sigma_\varepsilon^2 = 2\bar{\gamma} \ (S,A) \ - \ \bar{\gamma} \ (A,A)$$

Deve-se, em seguida, supor a situação em que se dispõe não apenas de um único valor amostrado, mas de diversos valores que podem ser utilizados no processo de estimativa. Neste caso, o termo $2\bar{\gamma}$ (S,A) continua sendo o valor do semivariograma médio entre cada ponto no conjunto de amostras S e cada ponto da área A. O termo $\bar{\gamma}$ (A,A) continua sendo o valor do semivariograma médio entre todos os pontos dentro da área. Todavia, nesta situação, está presente também uma outra fonte de variação, aquela existente entre os pontos utilizados para a estimativa, ou seja, o valor médio do semivariograma $\bar{\gamma}$ (S,S). Assim a variância, com relação ao valor estimado, deve ser calculada segundo;

$$\sigma_\varepsilon^2 = 2\ \bar{\gamma}(S,A) - \bar{\gamma}(S,S) - \bar{\gamma}(A,A)$$

Assim, para o processo de estimativa de um ponto ou de uma área utilizando o método da krigagem, respectivamente pontual ou por bloco, procede-se da seguinte maneira:

a) cálculo para estimar um ponto

$$V^* = p_1x_1 + p_2x_2 + p_3x_3 + \dots p_nx_n$$

Se a soma dos pesos for igual a 1 e não ocorrer tendência local, esse estimador é o melhor e não tendencioso, pois o que se pretende é, a partir dos pesos atribuídos a cada amostra, minimizar a estimativa da variância.

$$\partial\ \sigma_\varepsilon^2 / \partial\ \lambda_i = 0, \qquad\qquad i = 1,2,3,4,\dots n$$

Isso é obtido construindo-se um sistema de n equações com n incógnitas ($\lambda_1$, $\lambda_2$, $\lambda_3$, ... $\lambda_n$) e havendo a restrição de que $\Sigma\lambda i = 1$, passa-se a n + 1 equações. Como se tem apenas n incógnitas desconhecidas, introduz-se uma outra, também desconhecida, para balancear o sistema, ou seja, o multiplicador da Lagrange, $\mu$.

$$\partial_\varepsilon^2 - \lambda(\Sigma\lambda i - 1) = 0 \text{, se } \Sigma\lambda i - 1 = 0$$

Sistema de equações com n+1 incógnitas, para a estimativa de um ponto (So)

$$\lambda_1\bar{\gamma}(S_1,S_1) + \lambda_2\bar{\gamma}(S_1,S_1) + \lambda_3\bar{\gamma}(S_1,S_3) + \cdots + \lambda_n\bar{\gamma}(S_1,S_1) + \mu = \bar{\gamma}(S_1,S_0)$$
$$\lambda_1\bar{\gamma}(S_2,S_1) + \lambda_2\bar{\gamma}(S_2,S_2) + \lambda_3\bar{\gamma}(S_2,S_3) + \cdots + \lambda_n\bar{\gamma}(S_2,S_n) + \mu = \bar{\gamma}(S_2,S_0)$$
$$\lambda_1\bar{\gamma}(S_n,S_1) + \lambda_2\bar{\gamma}(S_n,S_2) + \lambda_3\bar{\gamma}(S_n,S_3) + \cdots + \lambda_n\bar{\gamma}(S_n,S_n) + \mu = \bar{\gamma}(S_nS_0)$$
$$\lambda_1 + \lambda_2 + \lambda_3 + \cdots + \lambda_n + 0 = 1$$

Em notação matricial:

$$\begin{bmatrix} \bar{\gamma}(S_1,S_1) & \bar{\gamma}(S_1,S_2) & \ldots & \bar{\gamma}(S_1,S_n) & 1 \\ \bar{\gamma}(S_2,S_1) & \bar{\gamma}(S_2,S_2) & \ldots & \bar{\gamma}(S_2,S_n) & 1 \\ \vdots & \vdots & & \vdots & \\ \bar{\gamma}(S_n,S_1) & \bar{\gamma}(S_n,S_2) & \ldots & \bar{\gamma}(S_n,S_n) & 1 \\ 1 & 1 & \ldots & 1 & 0 \end{bmatrix} \begin{bmatrix} \lambda_1 \\ \lambda_2 \\ \vdots \\ \lambda_n \\ \mu \end{bmatrix} \begin{bmatrix} \bar{\gamma}(S_1,S_0) \\ \bar{\gamma}(S_2,S_0) \\ \vdots \\ \bar{\gamma}(S_n,S_0) \\ 1 \end{bmatrix}$$
$$[(S_i,S_i)] \qquad\qquad [\lambda_i] \quad [(S_i,S_0)]$$

Resolvido o sistema de equações, obtém-se os pesos $\lambda i$ e o multiplicador de Lagrange, $\mu$, segundo:

$$[\lambda_i] = [S_i,S_i]^{-1} \cdot [S_i,S_0]$$

Para pontos irregularmente distribuídos, Olea (1975) sugere o uso dos dois mais próximos dentro de cada octante ao redor de $X_0$, ponto a ser estimado. Para distribuição em malha regular e quadrada, recomenda-se a utilização dos 16 ou dos 25 pontos mais próximos. Então, para cada ponto $X_0$ a ser estimado, obtém-se uma combinação linear dos valores dos pontos vizinhos e respectivos pesos

$$X_0 = \Sigma\lambda_i X_i$$

b) cálculo para estimar uma área

Para a estimativa de um painel em lugar de apenas um ponto $S_o$, considera-se essa região com área A e centro $S_0$. Desse modo, as semivariâncias entre os pontos amostrados ($S_i$, $S_2$, $S_3$ ...$S_n$) e o ponto interpolado da situação anterior são substituídos pela média das semivariâncias entre os pontos amostrados e todos os pontos da área A. Assim cada $\gamma$ ($S_i,S_0$) é substituído pela integral

$\int_y (S_i, S)\lambda(S)dS$ onde $\lambda(S)$ é fornecido por

$\lambda(S) = 1/A$, se S pertence a região do painel A e $\lambda(S) = 0$ e nas outras situações

$\int_\gamma \lambda(S)dx = 1$

Em notação matricial:

$$\begin{bmatrix} \overline{\gamma}(S_1,S_1) & \overline{\gamma}(S_1,S_2) & ... & \overline{\gamma}(S_1,S_n) & 1 \\ \overline{\gamma}(S_2,S_1) & \overline{\gamma}(S_2,S_2) & ... & \overline{\gamma}(S_2,S_n) & 1 \\ \vdots & \vdots & & \vdots & \\ \overline{\gamma}(S_n,S_1) & \overline{\gamma}(S_n,S_2) & ... & \overline{\gamma}(S_n,S_n) & 1 \\ 1 & 1 & ... & 1 & 0 \end{bmatrix} \begin{bmatrix} \lambda_1 \\ \lambda_2 \\ \vdots \\ \lambda_n \\ \mu \end{bmatrix} \begin{bmatrix} \overline{\gamma}(S_1,A) \\ \overline{\gamma}(S_2,A) \\ \vdots \\ \overline{\gamma}(S_n,A) \\ 1 \end{bmatrix}$$

$$[(S_i,S_i)] \qquad\qquad [\lambda_1] \quad [(S_i,A)]$$

O sistema de equações, para a solução dos coeficientes $\lambda i$ e $\mu$, é:

$[\lambda i] = [Si,Si]^{-1} * [Si,A]$

c) Cálculo da variância associada ao valor obtido por estimativa ($\sigma^2$)

c.1) para o caso de um único ponto:

$$\sigma^2 = \Sigma\lambda_i\overline{\gamma}(S_i,S_0) + \mu = [\lambda_i]'[S_i,S_0]$$

c.2) para o caso de uma área:

$$\sigma^2 = \Sigma\lambda_i\overline{\gamma}(S_i,A) + \mu - \overline{\gamma}(A,A) = [\lambda_i]'[S_i,A]$$

$[\lambda i]'$ = vetor transposto com os pesos $\lambda_i$

[Si,So ou Si,A] = vetor com as médias dos semivariogramas entre cada amostra e o ponto (So) ou área (A) desconhecidos a serem estimados.

$[\overline{\gamma}(A,A)]$ = média dos semivariogramas entre todos os pares de pontos dentro da área desconhecida e indica a variância entre os dados.

## 10.2.1.1 Exemplo: estimativa de um ponto

Seja uma situação hipotética em que se dispõem de 4 pontos com observações referentes à profundidade de um filão mineralizado e se deseja estimar em um novo ponto a profundidade desse veio. Supor também que a análise variográfica revelou um modelo linear para os dados com uma relação de 5 $m^2/km$ dentro de uma vizinhança de 40 km.

Modelo linear: $\gamma = 5h$

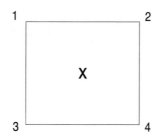

| Pontos | $X_i$ | $y_i$ | $z_i$ |
|--------|-------|-------|-------|
| 1 | 0 | 30 | 500 |
| 2 | 30 | 30 | 450 |
| 3 | 0 | 0 | 550 |
| 4 | 30 | 0 | 490 |
| X | 15 | 15 | ? |

Como os pontos se apresentam numa rede quadrada de dimensões 30 x 30, as distâncias entre eles são:

$d(1-2) = d(1-3) = d(2-4) = d(3-4) = 30$ km
$d(1-4) = d(2-3) = 42{,}43$ km
$d(1-x) = d(2-x) = d(3-x) = d(4-x) = 21{,}21$ km

Pelo modelo linear do semivariograma, tais distâncias correspondem às seguintes semivariâncias:

$21{,}21 = 106{,}05$ km²
$30{,}00 = 150{,}00$ km²
$42{,}43 = 212{,}15$ km²

Desse modo, pode-se construir o sistema de equações para a estimativa por krigagem ordinária do ponto X:

$$\begin{bmatrix} 0 & 150 & 150 & 212{,}15 & 1 \\ 150 & 0 & 212{,}15 & 150 & 1 \\ 150 & 212{,}15 & 0 & 150 & 1 \\ 212{,}15 & 150 & 150 & 0 & 1 \\ 1 & 1 & 1 & 1 & 0 \end{bmatrix} \begin{bmatrix} \lambda_1 \\ \lambda_2 \\ \lambda_3 \\ \lambda_4 \\ \mu \end{bmatrix} = \begin{bmatrix} 106{,}05 \\ 106{,}05 \\ 106{,}05 \\ 106{,}05 \\ 1 \end{bmatrix}$$

$$[A] \qquad\qquad [\lambda] \quad [B]$$

o qual é resolvido segundo

$$[\lambda] = [A]^{-1}[B]$$

$$[A]^{-1} = \begin{bmatrix} -0,00520 & 0,00285 & 0,00285 & 0,00049 & 0,25000 \\ 0,00285 & -0,00520 & -0,00049 & 0,00285 & 0,25000 \\ 0,00285 & -0,00049 & -0,00520 & 0,00285 & 0,25000 \\ -0,00049 & 0,00285 & 0,00285 & -0,00520 & 0,25000 \\ 0,25000 & 0,25000 & 0,25000 & 0,25000 & -128,03750 \end{bmatrix}$$

$$[\lambda] = \begin{bmatrix} 0,25 \\ 0,25 \\ 0,25 \\ 0,25 \\ -21,987 \end{bmatrix}$$

Isso significa que, como esperado pela distribuição regular dos pontos, cada um deles tem o peso de 0,25 para a estimativa de X:

$z(x) = 0,25(500) + 0,25(450) + 0,25(550) + 0,25(450) = 497,50$ m

A variância associada a tal estimativa é:

$S_k^2 = 0,25(106,05) + 0,25(106,05) + 0,25(106,05) + 0,25(106,05) - 21,9875 = 84,063$ m$^2$
$S_k = 9,169$

Supondo que a distribuição dos valores da estimativa apresentem distribuição normal em torno do valor real e que, portanto, 95% dessa distribuição está no intervalo de mais ou menos 1,96 desvio padrão, tem-se que o intervalo de confiança é da ordem de ± 9,169 * 1,96 = 18 m.

A estimativa do ponto X é, portanto: 497,50 m ± 18 m

Deve-se supor, em seguida, que um dos pontos de controle coincida com aquele a ser estimado, por exemplo, que o local X seja o mesmo que 1. Neste caso apenas o vetor [B] apresenta-se modificado, permanecendo inalterada a matriz [A]:

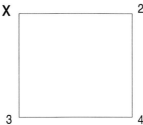

$$[B] = \begin{bmatrix} 0 \\ 150 \\ 150 \\ 212,15 \\ 1, \end{bmatrix}$$

Resolvendo o sistema, encontra-se o seguinte resultado:
$\lambda_1 = 1$ e $\lambda_2 = \lambda_3 = \lambda_4 = 0$
$z(x) = 1(500) + 0(450) + 0(550) + 0(490) = 500$ m, que é exatamente o valor do poço 1.

A variância da estimativa, como esperado, é igual a:
$S_k^2 = 1(0) + 0(150) + 0(150) + 0(212,15) = 0$

Isso mostra que a krigagem é um método que fornece interpoladores exatos, pois ao prever valores em pontos previamente conhecidos o faz sem erro. É evidente que normalmente esse tipo de estimativa não é necessária, mas eventualmente ela pode ocorrer quando se utiliza dessa metodologia para o traçado de curvas de isovalores por processamento automático a partir de uma rede regularizada de pontos. Nos locais onde os nós da rede coincidir com um ponto já conhecido a estimativa é livre de erro e isso é muito útil para a verificação da qualidade do produto final obtido. Esta propriedade contrasta com outros métodos de estimativa, como no cálculo de polinômios por mínimos quadrados que, a não ser que ocorra um ajuste perfeito, nunca fornece o valor real em pontos já medidos. É o caso dos resíduos, quando da análise das superfícies de tendência.

Seja, também, uma situação em que o ponto a ser estimado não está no centro do painel quadrático, mas sim ao norte, conforme o esquema a seguir:

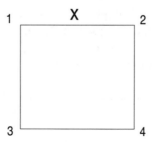

| Ponto | Coordenadas | | |
|-------|-----|-----|-----|
|       | $x_i$ | $y_i$ | $z_i$ |
| X     | 15  | 45  | ?   |

| Pontos | Distâncias (km) | Semivariâncias |
|:---:|:---:|:---:|
| 1 – X | 21,21 | 106,05 |
| 2 – X | 21,21 | 106,05 |
| 3 – X | 47,43 | 237,15 |
| 4 – X | 47,43 | 237,15 |

O sistema de equações passa a ser:

$$\begin{bmatrix} 0 & 150 & 150 & 212.15 & 1 \\ 150 & 0 & 212,15 & 150 & 1 \\ 150 & 212,15 & 0 & 150 & 1 \\ 212,15 & 150 & 150 & 0 & 1 \\ 1 & 1 & 1 & 1 & 0 \end{bmatrix} \begin{bmatrix} \lambda_1 \\ \lambda_2 \\ \lambda_3 \\ \lambda_4 \\ \mu \end{bmatrix} = \begin{bmatrix} 106,05 \\ 106,05 \\ 237,15 \\ 237,15 \\ 1 \end{bmatrix}$$

Cujo resultado é:

$$[\lambda] = \begin{bmatrix} 0,559 \\ 0,559 \\ -0,059 \\ -0,059 \\ 43,563 \end{bmatrix}$$

Isso significa que, segundo esse arranjo espacial entre as quatros amostras dispostas nos vértices de um quadrado e a amostra a ser estimada deslocada para a posição superior, aquelas que têm um peso maior são as de número 1 e 2, com valores 0,56, enquanto os de números 3 e 4 praticamente não têm influência na estimativa de X, apresentando um peso de -0,06.

A estimativa de X é calculada segundo:

$$z(x) = 0,56(500) + 0,56(450) - 0,06(550) - 0,06(450) = 469,69 \text{ m}$$

A variância associada a esse valor estimado é:

$$S_k^2 = 0,56(106,05) + 0,56(106,05) - 0,06(237,15) - 0,06(237,15) + 43,56 = 133,88 \text{ m}^2$$

$S_k = 11,57$, que resulta em $z(x) = 469,60 \pm 22,76$ m

Mudada a configuração geométrica dos pontos conhecidos em relação àquele a ser estimado, o erro modifica-se, mostrando a importância da distribuição espacial dos pontos para a krigagem. O número ótimo de pontos de controle é determinado pelo semivariograma e pelo seu padrão espacial de distribuição.

### 10.2.1.2 Exemplo: estimativa de um ponto

Seja uma nova situação hipotética em que 5 pontos foram amostrados para teores de $U_3O_8$, fornecendo os seguintes resultados (Clark,1979):

| Ponto | Eixo X (E – W) | Eixo Y (N – S) | Teor |
|---|---|---|---|
| 1 | 4,170 | 2,332 | 400 |
| 2 | 4,200 | 2,340 | 380 |
| 3 | 4,160 | 2,370 | 450 |
| 4 | 4,150 | 2,310 | 280 |
| 5 | 4,080 | 2,340 | 320 |

O modelo esférico de semivariograma ajustado aos dados fornece os seguintes resultados:

| | | |
|---|---|---|
| Amplitude de influência (a) | = | 100 pés |
| Valor da soleira (C) | = | 700 ppm$^2$ |
| Efeito pepita (Co) | = | 100 ppm$^2$ |

Utilizando o seguinte esquema de amostragem, deve-se determinar o teor do ponto A. Tendo A como seu ponto mais próximo o local 1, distante 21,54 pés, toma-se o valor de 1, ou seja, 400, como a estimativa de A. Isso significa que, inicialmente, a estimativa de A baseia-se apenas no ponto 1.

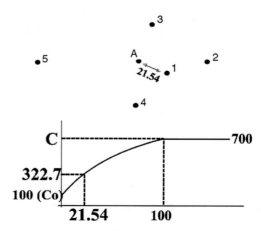

V* = 400 ppm

Num semivariograma, com as características acima, para uma distância h = 21,54 pés, o γ(h) correspondente é 322,7 ppm.

Desse modo,

$$S_k^2 = 2 \times 322,7 = 645,4 (ppm)^2 \quad e \quad S_k = 25,4 \text{ ppm}$$

Transformando esse desvio padrão em termos de intervalos de confiança, supondo que a distribuição dos valores seja normal, tem-se, para um intervalo de 95% em torno de V, V* ± 1,96*25,4 (= 49,78), ou seja, a estimativa de V deve estar entre 350 a 450 ppm.

### 10.2.1.3 Exemplo: estimativa de uma área

Usando os dados do exemplo anterior, seja, agora, a estimativa de uma área, de dimensões 60 pés por 30 pés, cujo centro é A e, para tanto, utiliza-se a krigagem em bloco.

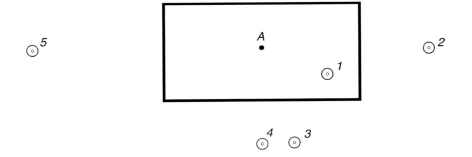

O sistema de equações, que fornece uma matriz de dimensões 6 x 6, é:

$$
\begin{aligned}
0 &+ 415,5\lambda_2 + 491,4\lambda_3 + 403,0\lambda_4 + 790,5\lambda_5 + \mu = 356,7 \\
415,5\lambda_1 &+ 0 + 581,3\lambda_3 + 642,9\lambda_4 + 800,0\lambda_5 + \mu = 572,4 \\
491,4\lambda_1 &+ 581,3\lambda_2 + 0 + 659,9\lambda_4 + 778,8\lambda_5 + \mu = 456,9 \\
403,0\lambda_1 &+ 642,9\lambda_2 + 619,9\lambda_3 + 0 + 745,1\lambda_5 + \mu = 446,8 \\
790,5\lambda_1 &+ 800,0\lambda_2 + 778,8\lambda_3 + 745,1\lambda_4 + 0 + \mu = 696,1 \\
\lambda_1 &+ \lambda_2 + \lambda_3 + \lambda_4 + \lambda_5 + 0 = 1
\end{aligned}
$$

e a variância da krigagem é

$$S_k^2 = 356,7\lambda_1 + 572,4\lambda_2 + 456,9\lambda_3 + 446,8\lambda_4 + 696,1\lambda_5 + \mu - \overline{\gamma}(A,A)$$

Para o cálculo de $\bar{\gamma}$ (A,A) foram utilizadas tabelas para as *funções auxiliares*, encontradas em Clark (1979, p.58) e Clark & Harper (2000, cap. 11.2.1.). Essas funções, apresentadas na forma de ábacos e tabelas, eram de grande utilidade para o cálculo de semivariogramas médios para painéis e blocos, quando não se dispunha dos atuais recursos computacionais:

a) como as dimensões da área são 60 e 30 e a amplitude do modelo igual a 100, 60/100=0,6 e 30/100=0,3; as entradas 0,3 e 0,6 fornecem na tabela F(L,B), o valor 0,349;

b) multiplicando 0,349 por C(=700) = 224,3;

c) adicionando a 244,3 o valor do efeito pepita ($C_0$ = 100) = 344.

Resolvendo o sistema de equações:

$\lambda_1 = 0{,}346;\quad \lambda_2 = 0{,}023;\quad \lambda_3 = 0{,}269;\quad \lambda_4 = 0{,}234;\quad \lambda_5 = 0{,}127;$

$\mu = 19{,}72$

Desse modo,

$V^* = \Sigma V_i \lambda_i = V_1\lambda_1 + V_2\lambda_2 + V_3\lambda_3 + V_4\lambda_4 + V_5\lambda_5 = 376{,}5$ ppm

$S_k^2 = 356{,}7(0{,}346) + 572{,}4(0{,}023) + 456{,}9(0{,}269) + 446{,}8(0{,}234) + 696{,}1(0{,}127) + 19{,}72 - 344 = 128{,}16$ ppm$^2$

$S_k = 11{,}32$ ppm

ou seja, para um intervalo de 95%, o valor estimado (V*) deve estar entre 354,35 e 398,65 ppm.

Se mudadas as posições das amostras em relação à área a ser estimada, ou então o formato da área, os resultados serão diferentes:

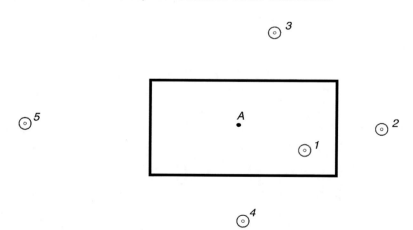

$\lambda_1 = 0{,}440;\quad \lambda_2 = 0{,}089;\quad \lambda_3 = 0{,}062;\quad \lambda_4 = 0{,}224;\quad \lambda_5 = 0{,}185$

$\mu = 61{,}58$

$V^* = 359{,}6$ ppm

$S_k = 13{,}5$ ppm

Outra situação:

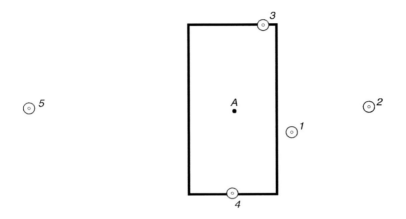

$\lambda_1 = 0{,}275;\quad \lambda_2 = 0{,}006;\quad \lambda_3 = 0{,}324;\quad \lambda_4 = 0{,}306;\quad \lambda_5 = 0{,}089$

$\mu = 20{,}29$

$V^* = 371{,}9$ ppm

$S_k = 10{,}7$ ppm

Conclui-se, assim, que ensaios de simulação podem ser feitos, com diversos padrões de amostragem, com o objetivo de se obterem valores estimados com erros mínimos associados.

### 10.2.1.4 Exemplo: análise espacial de dados hidrogeológicos

O exemplo, a seguir, foi retirado de Bellenzani Jr. et al. (1990) que efetuaram uma análise espacial de dados hidrogeológicos da área urbana de Araraquara (SP).

A partir de 68 poços da região, foram obtidas a espessura da Formação Serra Geral ($Z_1$), a profundidade da Formação Botucatu ($Z_2$), a cota do topo

198

da Formação Botucatu ($Z_3$), a cota da superfície piezométrica ($Z_4$) e a vazão específica ($Z_5$) (Tabela 10.1). Neste exemplo são consideradas apenas as cotas do topo da Formação Botucatu ($Z_3$) e da superfície piezométrica ($Z_4$).

Tabela 10.1 – Dados provenientes de 68 poços da região de Araraquara

| ID | X | Y | $Z_1$ | $Z_2$ | $Z_3$ | $Z_4$ | $Z_5$ |
|----|------|-------|--------|--------|--------|--------|------|
| 01 | 790,25 | 7585,95 | 100,00 | 120,00 | 510,00 | 530,00 | 5,00 |
| 02 | 790,50 | 7586,50 | 140,00 | 160,00 | 480,00 | 520,00 | 0,25 |
| 03 | 794,00 | 7586,35 | 130,00 | 130,00 | 500,00 | 530,00 | 6,00 |
| 04 | 797,30 | 7586,25 | 40,00 | 55,00 | 595,00 | 618,00 | 5,20 |
| 05 | 794,15 | 7586,65 | 97,00 | 97,00 | 513,00 | 529,20 | 2,75 |
| 06 | 792,90 | 7584,70 | 154,00 | 154,00 | 373,00 | 428,24 | 1,64 |
| 07 | 791,20 | 7585,25 | 80,00 | 80,00 | 520,00 | 529,50 | 5,00 |
| 08 | 796,25 | 7586,90 | 142,00 | 142,00 | 498,00 | 533,79 | 4,71 |
| 09 | 799,90 | 7594,10 | 180,00 | 180,00 | 500,00 | 530,00 | 3,00 |
| 10 | 788,60 | 7587,75 | 190,00 | 190,00 | 410,00 | 533,61 | 7,10 |
| 11 | 798,60 | 7593,50 | 92,00 | 92,00 | 588,00 | 674,00 | 3,73 |
| 12 | 798,65 | 7592,50 | 90,00 | 106,00 | 599,00 | 704,00 | 0,52 |
| 13 | 799,70 | 7595,70 | 97,00 | 128,00 | 572,00 | 701,05 | - |
| 14 | 793,10 | 7586,20 | 132,00 | 132,00 | 498,00 | 510,00 | 0,45 |
| 15 | 792,20 | 7589,00 | 198,00 | 239,00 | 441,00 | 524,60 | 1,57 |
| 16 | 787,80 | 7586,70 | 0,00 | 9,00 | 571,00 | - | - |
| 17 | 790,10 | 7586,90 | 150,00 | 169,00 | 486,00 | 645,00 | 0,43 |
| 18 | 796,40 | 7586,80 | 4,90 | 47,50 | 597,50 | 581,00 | 3,30 |
| 19 | 797,00 | 7593,40 | 10,85 | 62,85 | 637,15 | 687,50 | 0,30 |
| 20 | 791,10 | 7586,10 | 162,50 | 162,50 | 497,50 | 528,00 | 0,60 |
| 21 | 791,60 | 7591,70 | 182,00 | 228,50 | 411,50 | 630,30 | 0,36 |
| 22 | 790,80 | 7589,30 | 169,00 | 194,00 | 454,00 | 635,00 | 0,60 |
| 23 | 793,90 | 7585,60 | 137,00 | 167,00 | 493,00 | 641,00 | 0,44 |
| 24 | 787,20 | 7588,70 | 44,00 | 44,00 | 596,00 | 612,00 | 0,11 |
| 25 | 787,80 | 7588,10 | 107,00 | 107,00 | 513,00 | 611,00 | 0,17 |
| 26 | 798,20 | 7585,90 | 45,00 | 60,00 | 607,00 | 605,00 | 3,30 |
| 27 | 791,70 | 7593,50 | 164,50 | 249,00 | 434,00 | 670,00 | 0,20 |
| 28 | 787,10 | 7583,30 | 20,00 | 20,00 | 562,00 | 535,00 | 2,60 |
| 29 | 792,20 | 7585,80 | 107,00 | 107,00 | 513,00 | 540,00 | 1,20 |
| 30 | 797,60 | 7586,50 | 4,00 | 20,00 | 648,00 | 611,20 | 1,97 |
| 31 | 801,20 | 7587,50 | 62,00 | 105,00 | 618,00 | 701,00 | 0,23 |
| 32 | 794,10 | 7583,40 | 142,00 | 162,00 | 518,00 | 639,00 | 1,38 |
| 33 | 791,30 | 7587,00 | 137,00 | 161,00 | 504,00 | 651,20 | 0,09 |

Continuação

| ID | X | Y | $Z_1$ | $Z_2$ | $Z_3$ | $Z_4$ | $Z_5$ |
|---|---|---|---|---|---|---|---|
| 34 | 794,20 | 7586,70 | 93,00 | 93,00 | 531,00 | 543,93 | 2,80 |
| 35 | 797,20 | 7585,55 | 130,00 | 160,00 | 500,00 | 609,10 | 0,74 |
| 36 | 792,77 | 7586,50 | 105,00 | 105,00 | 511,00 | 596,00 | 0,62 |
| 37 | 792,70 | 7586,32 | 103,00 | 103,00 | 504,00 | 540,00 | 2,50 |
| 38 | 792,80 | 7586,31 | 105,00 | 105,00 | 509,00 | 547,00 | 2,73 |
| 39 | 793,20 | 7589,20 | 157,00 | 186,00 | 511,00 | 685,84 | 0,37 |
| 40 | 792,25 | 7587,65 | 127,00 | 149,00 | 511,00 | - | - |
| 41 | 792,28 | 7587,64 | 142,00 | 167,00 | 493,00 | 643,06 | 21,42 |
| 42 | 792,28 | 7587,65 | 143,00 | 168,00 | 492,00 | 653,50 | - |
| 43 | 794,20 | 7587,15 | 97,00 | 120,00 | 520,00 | - | - |
| 44 | 794,65 | 7587,15 | 97,00 | 120,00 | 520,00 | 613,80 | 13,46 |
| 45 | 797,60 | 7587,13 | 97,00 | 120,00 | 520,00 | 613,69 | 17,67 |
| 46 | 793,55 | 7585,50 | 134,00 | 144,00 | 536,00 | 667,10 | 1,58 |
| 47 | 794,05 | 7586,20 | 96,00 | 120,00 | 515,00 | 621,00 | 0,15 |
| 48 | 795,75 | 7591,14 | 187,00 | 229,00 | 451,00 | 665,00 | 3,00 |
| 49 | 789,25 | 7585,20 | 76,00 | 96,00 | 529,00 | 606,04 | 0,64 |
| 50 | 789,75 | 7591,02 | 150,00 | 173,00 | 487,00 | 536,50 | 2,07 |
| 51 | 792,73 | 7588,88 | 177,00 | 193,00 | 467,00 | 559,20 | 0,04 |
| 52 | 794,62 | 7582,00 | 117,00 | 227,00 | 473,00 | 533,00 | 0,21 |
| 53 | 794,34 | 7582,65 | 120,00 | 229,00 | 451,00 | 617,00 | 0,57 |
| 54 | 800,63 | 7588,95 | 68,00 | 68,00 | 592,00 | 570,00 | 1,10 |
| 55 | 791,30 | 7581,15 | 64,00 | 80,00 | 500,00 | 508,00 | 3,08 |
| 56 | 794,40 | 7587,08 | 145,00 | 145,00 | 500,00 | 567,00 | 2,88 |
| 57 | 790,10 | 7588,35 | 137,00 | 142,00 | 460,00 | 546,50 | 1,57 |
| 58 | 800,10 | 7588,60 | 88,00 | 88,00 | 612,00 | 608,00 | 0,95 |
| 59 | 792,65 | 7586,50 | 113,00 | 113,00 | 507,00 | 526,90 | 2,90 |
| 60 | 794,70 | 7587,35 | 96,00 | 108,00 | 532,00 | 555,00 | 0,88 |
| 61 | 787,15 | 7585,55 | 0,00 | 10,00 | 485,00 | 500,70 | 0,82 |
| 62 | 799,00 | 7586,20 | 80,00 | 80,00 | 510,00 | 528,00 | 2,30 |
| 63 | 787,20 | 7588,10 | 190,00 | 220,00 | 420,00 | 616,00 | 0,19 |
| 64 | 795,80 | 7590,60 | 202,00 | 243,00 | 457,00 | - | - |
| 65 | 794,20 | 7582,95 | 127,00 | 127,00 | 553,00 | 639,00 | - |
| 66 | 796,00 | 7586,00 | 43,00 | 50,00 | 602,00 | - | - |
| 67 | 793,00 | 7586,50 | 113,00 | 113,00 | 505,00 | 534,00 | 4,40 |
| 68 | 794,10 | 7587,20 | 90,50 | 108,00 | 512,00 | 536,00 | 0,84 |

Fonte: Bellenzani et. al. (1990).

A distribuição dos pontos encontra-se na Figura 10.9.

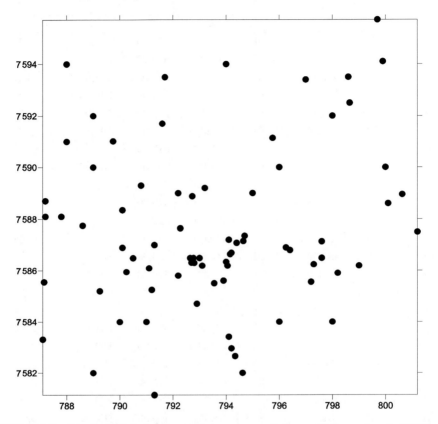

FIGURA 10.9 – Distribuição da localização dos poços estudados por Bellenzani et al. (1990).

Segundo os autores citados, a modelagem para essas duas variáveis forneceu os seguintes resultados:

- cota do topo da Formação Botucatu: modelo esférico ($C_0 = 0$; $C = 2.529$ m; $a = 5$ m);
- cota da superfície piezométrica: modelo esférico ($C_0 = 1.800$; $C = 3.719,3$ m; $a = 2,5$ m).

Aplicando-se a krigagem ordinária pontual, obtêm-se os mapas de isovalores das variáveis, bem como os respectivos mapas de variância da krigagem (Figuras 10.10 e 10.11).

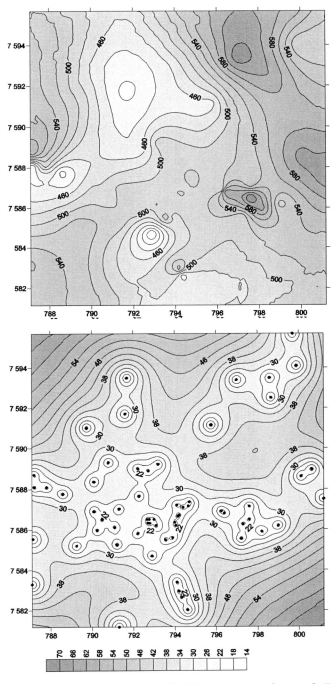

FIGURA 10.10 – Mapa obtido por krigagem ordinária para as cotas do topo da Formação Botucatu e respectivo mapa com as variâncias da krigagem.

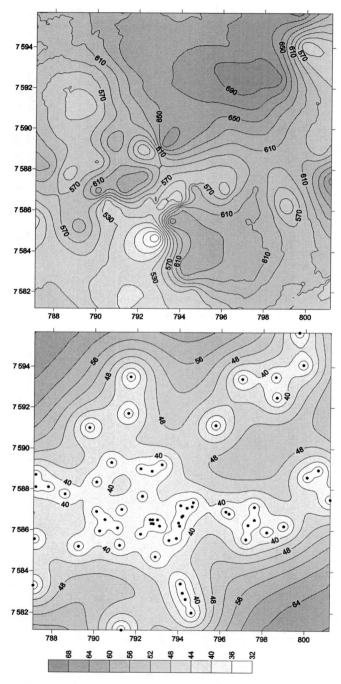

FIGURA 10.11 – Mapa obtido por krigagem ordinária para as cotas da superfície piezométrica e respectivo mapa com as variâncias da krigagem

A configuração espacial dos mapas referentes à variância da krigagem é praticamente a mesma, em que pesem serem diferentes os valores das duas variáveis. Como, porém, as coordenadas dos pontos são as mesmas, isso significa que a variância da krigagem é independente dos valores dos pontos usados para a obtenção dos estimadores $Z_i^*$ e mede somente a configuração espacial dos dados. Sendo a krigagem baseada apenas no variograma, que é global, os valores da variância independem dos valores locais dos pontos de amostragem (Olea, 1991; e Journel & Rossi, 1989). Para contornar essa situação, Yamamoto (2000) propôs a seguinte expressão para o cálculo da variância da krigagem, determinada como a média ponderada das diferenças ao quadrado entre valores dos pontos de amostragem, $Z(x_i)$, e a estimativa desse ponto, $Z^*(x_0)$:

$$S_0^2 = \sum_{i=1}^{n} \lambda_i [Z(x_i) - Z^*(x_0)]^2$$

Uma discussão sobre o melhor arranjo espacial dos pontos de amostragem e o número de amostras a serem coletadas encontra-se em Olea (1984). Segundo esse autor, o erro associado à estimativa de um ponto desconhecido não depende apenas do número total de amostras conhecidas utilizadas, nem de seus valores individuais, mas principalmente da continuidade espacial da função em estudo e da geometria do conjunto de amostras. Nesse sentido, divide os fatores existentes que influenciam a eficiência de um esquema de amostragem em *não manejáveis* e *manejáveis*, ou seja, aqueles que não se consegue modificá-los e aqueles que se consegue interferir no sentido de melhorar a eficiência da estimativa.

Fatores não manejáveis:

- a variação global da função fornecida pela deriva;
- a semivariância dos resíduos, que são as diferenças entre a deriva e a função espacial.

Fatores manejáveis:

- o número de amostras mais próximas do ponto em estimativa, consideradas pelo método da krigagem;
- as distâncias relativas entre amostras, ou seja, o padrão espacial de amostragem;
- a densidade do conjunto de amostras estimadoras;
- a localização do ponto em estimativa com relação ao conjunto de amostras estimadoras.

Com o intuito de interferir nos fatores manejáveis, foram acrescentados mais 14 valores em locais não amostrados, apenas para cotas do topo da Formação Botucatu, conforme Tabela 10.2 e Figura 10.12.

Tabela 10.2 – Novos poços acrescentados

| ID | X | Y | $Z_3$ |
|---|---|---|---|
| 69 | 788 | 7.594 | 520 |
| 70 | 789 | 7.592 | 500 |
| 71 | 788 | 7.591 | 540 |
| 72 | 790 | 7.584 | 520 |
| 73 | 789 | 7.582 | 540 |
| 74 | 796 | 7.584 | 500 |
| 75 | 798 | 7.584 | 520 |
| 76 | 796 | 7.590 | 500 |
| 77 | 789 | 7.590 | 560 |
| 78 | 800 | 7.590 | 580 |
| 79 | 791 | 7.584 | 480 |
| 80 | 795 | 7.589 | 500 |
| 81 | 798 | 7.592 | 560 |
| 82 | 794 | 7.594 | 500 |

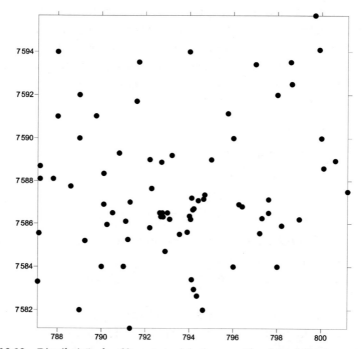

FIGURA 10.12 – Distribuição dos 68 pontos originais acrescidos de mais 14 novos.

O resultado referente aos 82 pontos encontra-se na Figura 10.13, onde pode-se verificar que o mapa devido à krigagem é bastante semelhante ao anterior. O mesmo, porém, acontece com o mapa de variâncias da krigagem, cujos valores estão distribuídos por um intervalo menor.

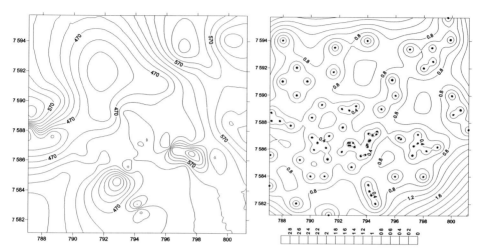

FIGURA 10.13 – Mapa por krigagem ordinária da cota do topo da Formação Botucatu e respectivo mapa com variâncias da krigagem para 82 pontos.

## 10.2.1.5 Exemplo: cálculo de reserva de uma jazida de carvão (Sapopema-PR)

O exemplo escolhido baseia-se no estudo geoestatístico para uma jazida de carvão, localizada em Sapopema-PR, feito por Landim et al. (1988). Dados referentes à essa jazida já foram apresentados nos Capítulos 3 e 5.

O depósito de carvão de Sapopema situa-se a cerca de 20 km a noroeste de Figueira, no nordeste do Estado do Paraná, em sedimentos da parte superior do Membro Triunfo da Formação Rio Bonito/Grupo Tubarão (Cava, 1985). O jazimento é constituído por uma única camada de carvão situada a uma profundidade variável entre 380 e 700 m e distribuída por uma área de aproximadamente 25 km². O formato corresponde a uma elipse lobulada com desenvolvimento de uma calha principal no sentido NE–SW. A espessura total máxima da camada de carvão é da ordem de 2 m e sua espessura média de 1,2 m. A espessura da camada total de carvão aumenta da zona periférica para a região central, atingindo na porção sudoeste espessura superior a 2 m, em que pese aí estar contido estéril intercalado.

A pré-viabilidade econômica efetuada pela PROMON em 1984 para a "Minerais do Paraná S.A./MINEROPAR" indicou, por métodos geométricos convencionais, uma reserva lavrável de carvão de 32 Mton, para uma espessura superior a 0,80 m e cobertura de estéril entre 380 e 700 m.

Inicialmente, para a análise geoestatística da espessura de carvão foi encontrado semivariograma omnidirecional, pois não havia muito sentido considerar direções específicas tendo em vista o número reduzido de dados.

Segundo essa análise, o melhor ajuste do semivariograma experimental ocorreu com o modelo esférico, conforme pode-se verificar na Figura 10.14.

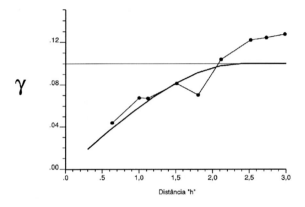

FIGURA 10.14 – Semivariograma modelado para a variável espessura de carvão $\gamma(h) = 0 + 0.10$ Sph(h=2.5).

Baseado nesse semivariograma, procedeu-se à estimativa da espessura, por krigagem ordinária pontual, resultando o mapa da Figura 10.15 e o correspondente mapa de desvios padrão da krigagem, com valores indicando as áreas que merecem um adensamento da amostragem.

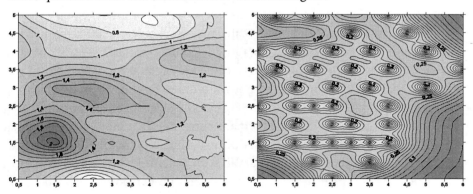

FIGURA 10.15 – Mapa de isópacas estimado por krigagem ordinária pontual e respectivo mapa de desvios padrão da krigagem.

O interesse, porém, não era a obtenção das isópacas do carvão, mas sim o cálculo da reserva e, para isso, o passo seguinte foi a aplicação da krigagem ordinária por áreas. Para tanto, a região de ocorrência foi subdividida em quadrículas de dimensões 0,5 km x 0,5 km e, com base nos 38 pontos amostrados, foram estimados valores médios para cada uma delas (Figura 10.16).

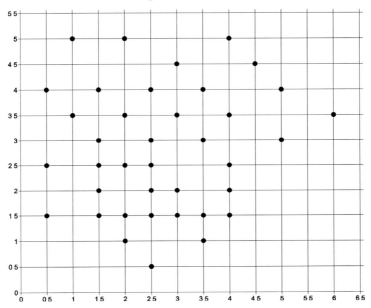

FIGURA 10.16 – Distribuição dos pontos originais e reticulado para o cálculo, por krigagem ordinária, de espessuras médias de carvão por área.

Para o cálculo da krigagem foram escolhidos, em cada caso, valores encontrados num círculo com raio de 2,5 km a partir do centro da quadrícula. Como cada estimativa ($t_k$) apresentava o respectivo desvio padrão da krigagem ($s_k$), tais valores foram utilizados, admitindo distribuição gaussiana para obter intervalos de confiança (IC) para o nível de 95% e calculados os erros da krigagem em porcentagem ($e_k$) (Tabela 10.3).

$$IC = s_k * 1,96$$

$$e_k = \frac{2s_k}{t_k} 100.$$

Note-se que as maiores espessuras se encontram nas quadrículas a sudoeste e que os maiores erros estão associados às regiões menos amostradas, o que era esperado em ambos os casos.

De posse dos valores estimados para as diversas espessuras médias e multiplicando-os pela densidade do carvão, chegou-se a uma estimativa da tonelagem de carvão presente:

- Valor médio da espessura: 1,17 m;
- Área total: (143 x 500 x 500) – (12 x 500 x 500): 32.750.000 m$^2$;
- Densidade média: 1,5 t/m;
- Reserva: 57.476.250 t;
- Se forem retiradas dessa área regular aquelas quadrículas que apresentam um erro de estimação de 50% (quadrículas com valores em negrito na Tabela 10.3), tornando a área mais próxima à real, irregular, a reserva passa a ser 57.476.250 – 7.354.500 = 50.121.750 t, provavelmente uma estimativa mais de acordo com a realidade.

Com esses dados à disposição, uma curva de parametrização foi construída. Com base no mapa de isópacas (Figura 10.17), que mostra as espessuras de corte em m, calculou-se a tonelagem (*t*) e a espessura média (*m*), que resultou o gráfico da Figura 9.24. Note-se que, para uma espessura de corte de 0,80 m, a tonelagem é de aproximadamente 33 milhões, concordando com estudos realizados pela PROMON, em 1984, que apontou, por métodos convencionais, 32 milhões.

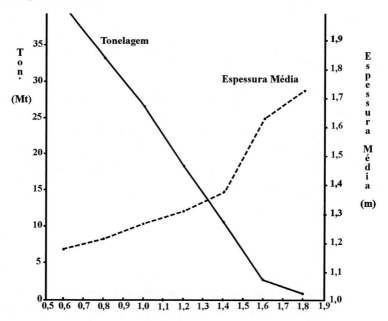

FIGURA 10.17 – Curva de parametrização: tonelagem x espessura média x espessura de corte.

Tabela 10.3 – Espessuras médias, em quadrículas de 0,5 x 0,5 km, com os respectivos intervalos de confiança, estimados por krigagem ordinária

| | | | | | | | | | | | | |
|---|---|---|---|---|---|---|---|---|---|---|---|---|
| **0,94 ± 0,61** | 0,85 ± 0,41 | 0,80 ± 0,37 | 0,75 ± 0,37 | **0,75 ± 0,39** | 0,76 ± 0,52 | 0,75 ± 0,52 | 0,73 ± 0,40 | 0,77 ± 0,39 | 0,84 ± 0,57 | 0,93 ± 0,66 | 1,03 ± 0,75 | |
| **1,00 ± 0,53** | 0,92 ± 0,35 | 0,81 ± 0,32 | 0,77 ± 0,32 | 0,77 ± 0,33 | 0,78 ± 0,34 | 0,79 ± 0,34 | 0,76 ± 0,32 | 0,71 ± 0,25 | 0,84 ± 0,38 | 1,04 ± 0,55 | 1,15 ± 0,64 | 1,31 ± 0,70 |
| 1,10 ± 0,40 | 1,05 ± 0,33 | 0,91 ± 0,32 | 0,88 ± 0,32 | 0,87 ± 0,32 | 0,87 ± 0,24 | 0,91 ± 0,24 | 0,90 ± 0,32 | 0,88 ± 0,32 | 1,04 ± 0,25 | 1,21 ± 0,38 | 1,22 ± 0,53 | 1,31 ± 0,61 |
| 1,17 ± 0,39 | 1,08 ± 0,25 | 1,03 ± 0,24 | 1,07 ± 024 | 1,09 ± 0,24 | 1,05 ± 0,24 | 1,06 ± 0,24 | 1,11 ± 0,24 | 1,10 ± 0,32 | 1,18 ± 0,32 | 1,29 ± 0,32 | 1,29 ± 0,35 | 1,28 ± 0,41 |
| 1,16 ± 0,49 | 1,14 ± 0,34 | 1,24 ± 0,24 | 1,34 ± 0,24 | 1,37 ± 0,24 | 1,33 ± 0,24 | 1,23 ± 0,24 | 1,23 ± 0,24 | 1,20 ± 0,32 | 1,13 ± 0,32 | 1,14 ± 0,33 | 1,22 ± 0,35 | 1,26 ± 0,41 |
| 1,22 ± 0,39 | 1,25 ± 0,32 | 1,40 ± 0,26 | 1,42 ± 0,21 | 1,45 ± 0,21 | 1,48 ± 0,26 | 1,36 ± 0,31 | 1,35 ± 0,24 | 1,28 ± 0,33 | 1,12 ± 0,35 | 1,09 ± 0,39 | 1,17 ± 0,53 | **1,19 ± 0,61** |
| 1,34 ± 0,36 | 1,42 ± 0,32 | 1,60 ± 0,27 | 1,49 ± 0,21 | 1,35 ± 0,21 | 1,31 ± 0,21 | 1,30 ± 0,31 | 1,35 ± 0,26 | 1,29 ± 0,29 | 1,17 ± 0,50 | **1,14 ± 0,57** | **1,14 ± 0,67** | **1,16 ± 0,70** |
| 1,51 ± 0,37 | 1,66 ± 0,32 | 1,92 ± 0,27 | 1,78 ± 0,21 | 1,42 ± 0,21 | 1,31 ± 0,18 | 1,33 ± 0,21 | 1,25 ± 0,21 | 1,15 ± 0,30 | 1,14 ± 0,55 | **1,14 ± 0,65** | | |
| 1,62 ± 0,41 | 1,71 ± 0,36 | 1,83 ± 0,35 | 1,70 ± 0,22 | 1,34 ± 0,21 | 1,26 ± 0,26 | 1,32 ± 0,21 | 1,21 ± 0,22 | 1,10 ± 0,39 | **1,19 ± 0,61** | **1,16 ± 0,76** | | |
| 1,78 ± 0,63 | 1,65 ± 0,57 | 1,56 ± 0,54 | 1,31 ± 0,37 | 0,94 ± 0,25 | 0,91 ± 0,32 | 1,12 ± 0,34 | 1,16 ± 0,39 | 1,19 ± 0,57 | **1,22 ± 0,68** | | | |
| | 1,63 ± 0,67 | 1,37 ± 0,63 | **1,14 ± 0,56** | 0,85 ± 0,39 | **0,77 ± 0,39** | **0,97 ± 0,53** | **1,04 ± 0,60** | **1,20 ± 0,70** | **1,16 ± 0,75** | | | |

210

O erro associado à krigagem média foi igual a 3,14%, podendo a reserva ser considerada como medida.

Levando em consideração os erros associados às krigagens médias, as reservas podem ser classificadas como *medida*, *indicada* e *inferida*, e existem diversas propostas de classificação por geoestatística (Yamamoto & Rocha, 2001).

| Recursos | Medido | Indicado | Inferido |
|---|---|---|---|
| Reservas | Provada provável | Possível | Inferida |
| Diehl & David (1982) | e:10% e:20% n.c.:>80% n.c.:60-80% | e.: 40% n.c.: 40-60% | e.: 60% n.c.: 20-40% |
| Wellmer (1983) | e.:10% e.: 20% n.c.: 90% n.c.: 90% | e.: 30% n.c.: 90% | e.: 50% n.c.: 90% |
| ONU e DNPM (1992) | e.: 0-20% n.c.: 95% | e.: 20-50% n.c.: 95% | e.: > 50% n.c.: 95% |
| Yamamoto & Conde (1999) | e.: 0-20% n.c.: 90% | e.: 20-50% n.c.: 90% | e.: >50% n.c.: 90% |

e: erro; n.c.: nível de confiança.

Segundo Royle (1977), porém, alguns cuidados devem ser tomados durante a utilização da metodologia geoestatística para o cálculo de reservas. Os blocos centrais mostram baixos valores de variância de krigagem, enquanto os periféricos apresentam valores maiores, além de apresentarem uma outra fonte de erro condicionada pela indefinição do limite minério/estéril nas bordas do corpo de minério. Isso significa que as variáveis de krigagem calculadas em função do variograma médio da jazida podem refletir apenas variáveis médias globais e não as variáveis locais que são, sem dúvida, importantes para o planejamento da lavra.

Já Froidevaux (1982) pondera que, em que pese o caráter objetivo da metodologia geoestatística, o problema de fixar limites quantitativos para a classificação de minérios permanece. Para que isso se torne viável, os limites das classes devem levar em consideração a própria natureza do minério e também o tipo de tamanho do depósito. Além disso, a precisão da estimação da reserva será afetada pelo grau de corte (*cut-off*). Isso significa que a estimação de reservas minerais depende, além de critérios geoestatísticos, de outros como geográficos, geológicos, econômicos etc. Tais critérios serão específicos para cada projeto e não podem ser definidos *a priori*.

Isso significa que, como ponderam Yamamoto & Rocha (2001), em que pese a precisão da metodologia geoestatística na avaliação de reservas minerais, deve-se ressaltar que os resultados são fortemente dependentes da variabilidade natural do depósito e do nível de detalhamento da pesquisa mineral e, portanto, é necessário tomar os devidos os cuidados.

## 10.2.2 Krigagem com tendência regionalizada

Para a obtenção de um variograma, supõe-se que a variável regionalizada tenha um comportamento fracamente estacionário, em que os valores esperados, assim como sua covariância espacial, sejam os mesmos a partir de uma determinada distância. Assume-se, desse modo, que os valores dentro da área de interesse não apresentem tendência que possam afetar os resultados.

Isso nem sempre acontece, pois existem situações em que a variável exibe uma variação sistemática, o que exige metodologia específica para proceder à devida correção. Journel e Matheron propuseram o método da *krigagem universal* para resolver um problema desse tipo, apresentado pelo Centro Cartográfico da Marinha Francesa, relacionado com o mapeamento de uma superfície submarina pronunciadamente inclinada (Journel, 1969). Atualmente, Journel prefere o termo mais descritivo de *krigagem para um modelo com tendência* (Deutsch & Journel, 1998, p.66).

A presença de tendência nos dados conduz a resultados não confiáveis nas estimativas fornecidas pela krigagem ordinária, pois para a sua aplicação exige-se que a variável regionalizada seja estacionária e que os pesos dos estimadores somem um ($\Sigma\lambda_i = 1$). Isso significa que, nessa situação, a tendência deve também ser levada em consideração. Uma variável regionalizada não estacionária pode ser considerada como constituída por dois componentes: a deriva, ou tendência, que consiste no valor médio ou esperado dessa variável dentro de uma certa vizinhança e que varia sistematicamente; e o *resíduo*, que é a diferença entre os valores reais e a deriva (Clark & Harper, 2000).

Deve-se supor que um conjunto de dados provenientes de uma área exiba uma tendência do tipo polinomial de grau 1. Sendo X e Y as coordenadas dos pontos, os valores são estimados por

$$z_i = a_0 + a_1x_i + a_2y_i + r_i$$

com os $r_i$ representando os valores residuais livres da tendência.

Ao mesmo tempo, devem ser considerados os pesos dos estimadores:

$$T^* = \lambda_1z_1 + \lambda_2z_2 + \lambda_3z_3 + ... + \lambda_nz_n$$

onde $\Sigma\lambda_i = 1$.

Como cada $z_i$ contém componentes da tendência, os estimadores podem ser expressos da seguinte maneira:

$$T^* = \Sigma\lambda_i z_i = \Sigma\lambda_i a_0 + \Sigma\lambda_i a_1 + \Sigma\lambda_i a_2 + \Sigma\lambda_i r_i$$

Os coeficientes da equação da superfície de tendência de grau 1 são constantes e podem ser colocados fora das somatórias:

$$T^* = \Sigma\lambda_i z_i = a_0\Sigma\lambda_i + a_1\Sigma\lambda_i x_i + a_2\Sigma\lambda_i y_i + \Sigma\lambda_i r_i$$

Lembrando que os pesos devem totalizar 1, a igualdade acima fica reduzida para:

$$T^* = \Sigma\lambda_i z_i = a_0 + a_1\Sigma\lambda_i x_i + a_2\Sigma\lambda_i y_i + \Sigma\lambda n r_i$$

A quantidade que se está querendo estimar é:

$$T = a_0 + a_1 x_T + a_2 x_T + r_T$$

Comparando $T^*$ com $T$ verifica-se que $a_0$ pode ser eliminado, pois está presente em ambas equações. Se for removida toda a tendência, o termo $\Sigma\lambda_i r_i$ torna-se um estimador não tendencioso de $r_T$, desde que os pesos dos estimadores tenham somatória igual a 1, e esse é o problema. Para sua solução, ou seja, assegurar que $T^*$ é um estimador não tendencioso de $T$, deve-se equiparar $a_1\Sigma\lambda_i x_i + a_2\Sigma\lambda_i y_i$ com $a_1 x_T + a_2 y_T$ e a maneira mais simples de efetuar isso é equiparar isoladamente cada termo:

$$\Sigma\lambda_i x_i = x_T \text{ e } \Sigma\lambda_i y_i = y_T$$

Isso significa que a tendência existente nos estimadores se equipara exatamente à tendência no ponto a ser estimado.

Finalmente, obedecida as seguintes três condições, consegue-se minimizar a variância da estimativa:

$$\lambda_1 + \lambda_2 + \lambda_3 + \ldots\ldots + \lambda_n = 1$$

$$\lambda_1 x_1 + \lambda_2 x_2 + \lambda_3 x_3 + \ldots\ldots + \lambda_n x_n = x_T$$

$$\lambda_1 y_1 + \lambda_2 y_2 + \lambda_3 y_3 + \ldots\ldots + \lambda_n y_n = y_T$$

Sendo $\gamma(d_{i,j})$ as semivariâncias entre dois valores amostrados, separados por uma distância $d_i$, e $x_i$ e $y_i$ as coordenadas dos pontos, a estimativa pontual (T) em $z_i$, na presença de tendência de grau 1 dos dados, requer para sua solução um conjunto de equações normais simultâneas para a determinação dos $\lambda_i$ ponderadores; do multiplicador de Lagrange, $\mu$, introduzido para equilibrar a restrição no sistema; e dos coeficientes $\alpha$ da deriva.

Para tanto, $[\lambda] = [A]^{-1}[B]$, onde

$$[A] = \begin{bmatrix} \gamma(d_{1,1}) & \gamma(d_{1,2}) & \cdots & \gamma(d_{1,n}) & 1 & x_1 & y_1 \\ \gamma(d_{2,1}) & \gamma(d_{2,2}) & \cdots & \gamma(d_{2,n}) & 1 & x_2 & y_2 \\ \vdots & \vdots & & \vdots & & \vdots & \vdots & \vdots \\ \gamma(d_{n,1}) & \gamma(d_{n,2}) & \cdots & \gamma(d_{n,n}) & 1 & x_n & y_n \\ 1 & 1 & \cdots & 1 & 0 & 0 & 0 \\ x_1 & x_2 & \cdots & x_n & 0 & 0 & 0 \\ y_1 & y_2 & \cdots & y_n & 0 & 0 & 0 \end{bmatrix}$$

$$[\lambda] = \begin{bmatrix} \lambda_1 \\ \lambda_2 \\ \vdots \\ \lambda_n \\ \mu \\ \alpha_1 \\ \alpha_2 \end{bmatrix} \qquad [B] = \begin{bmatrix} \gamma(d_{1,z}) \\ \gamma(d_{2,z}) \\ \vdots \\ \gamma(d_{j,z}) \\ 1 \\ X_{1,z} \\ Y_{2,z} \end{bmatrix}$$

Se a tendência necessita ser representada por superfície de mais alto grau, novos coeficientes $\alpha_i$ devem ser estimados lembrando, porém, que quanto mais condições são impostas ao sistema, menos fidedignos são os resultados.

Como se pode observar, pelos sistemas de equações, a krigagem ordinária é um caso especial quando ocorre uma não mudança constante na tendência.

Segundo Clark & Harper (2000), existem algumas diferenças entre este enfoque apresentado e aquele em que se remove a tendência e se trabalha com os resíduos. Segundo esses autores, a krigagem universal apresenta estimativas ao mesmo tempo referentes tanto à tendência como aos resíduos. Isso significa que se esta ajustando a tendência cada vez que a krigagem é efetuada num ponto e não ajustando uma superfície global ao conjunto de dados. A outra diferença é que a variância da krigagem universal inclui tanto a estimativa devida à tendência como aquela resultante dos resíduos. Por outro lado, a krigagem dos resíduos, com posterior correção pela adição da tendência, assume que não haveria erro nessa operação.

### 10.2.2.1. Exemplo

Seja uma situação, apresentada por Davis (1986, p.394-402), em que se quer estimar a cota altimétrica de um determinado ponto do nível estático de um aquífero a partir de dados obtidos em três poços (Figura 10.18).

Preliminarmente, deve-se supor que essa variável não apresenta deriva e, desse modo, o método a ser utilizado é o da *krigagem pontual*. A análise estrutural, previamente realizada, produziu um semivariograma do tipo linear com uma inclinação de 4,0 m/km dentro de uma vizinhança de 20 km.

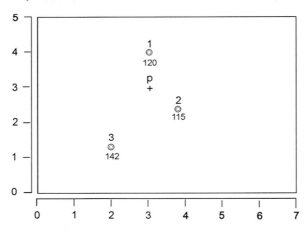

FIGURA 10.18 – Distribuição de três poços necessários para o cálculo de "p".

As coordenadas espaciais dos poços são as seguintes:

| Poços | $x_i$ | $y_i$ | $z_i$ |
|---|---|---|---|
| 1 | 3,0 | 4,0 | 120 |
| 2 | 6,3 | 2,4 | 115 |
| 3 | 2,0 | 1,3 | 142 |
| p | 3,0 | 3,0 | ? |

Pela distribuição dos poços, as distâncias entre eles são:

|   | 2 | 3 | P |
|---|---|---|---|
| 1 | 1,79 | 2,88 | 1,00 |
| 2 | 0 | 2,11 | 1,00 |
| 3 | 2,88 | 0 | 1,97 |

Sendo o semivariograma do tipo linear com uma inclinação de 4 m/km, os valores das semivariâncias correspondentes às distâncias entre os poços e entre estes e o ponto a ser estimado são:

|   | 2 | 3 | P |
|---|---|---|---|
| 1 | 7,16 | 11,52 | 4,00 |
| 2 |  | 8,44 | 4,00 |
| 3 |  |  | 7,89 |

Dispondo esses valores num sistema de equações normais com quatro incógnitas e resolvendo-o para os $\lambda_i$ e $\mu$, obtêm-se os valores:

$\lambda_1 = 0,595$; $\lambda_2 = 0,097$; $\lambda_3 = 0,307$; $\mu = -0,730$

A cota do aquífero no ponto "p" é, portanto:

$z(p) = 0,595(120) + 0,097(103) + 0,307(142) = 125,1$ m

E o erro associado a tal estimativa é calculado segundo:

$S_k^2 = 0,595\,(4) + 0,097\,(12,1) + 0,307\,(7,9) - 0,730\,(1) = 5,27$ m$^2$

$S_k = 2,3$ m

Assumindo uma distribuição gaussiana para esses dados, pode-se supor que o valor estimado é da ordem de 125,1 ± 4,6 m, com uma margem de erro de 5%.

Seja, em seguida, uma outra situação na qual a hipótese é que os dados apresentam uma tendência e, portanto, o método a ser utilizado é o da *krigagem universal*; além disso, neste caso, para a determinação do mesmo ponto anterior são adicionados mais dois valores obtidos a partir dos poços 4 e 5 (Figura 10.19):

| Poços | $x_i$ | $y_i$ | $z_i$ |
|---|---|---|---|
| 4 | 3,8 | 2,4 | 103 |
| 5 | 1,0 | 3,0 | 148 |

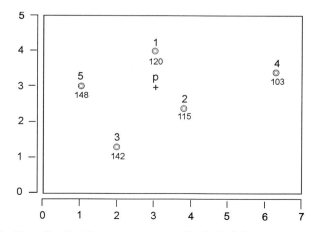

FIGURA 10.18 – Nova distribuição de poços para o cálculo de "p".

216

As distâncias entre os poços são:

|   | 2 | 3 | 4 | 5 | p |
|---|---|---|---|---|---|
| 1 | 3,35 | 2,88 | 1,79 | 2,24 | 1,00 |
| 2 | | 4,79 | 2,69 | 5,32 | 3,32 |
| 3 | | | 2,11 | 1,97 | 1,97 |
| 4 | | | | 2,86 | 1,00 |
| 5 | | | | | 2.00 |

E as semivariâncias são:

|   | 2 | 3 | 4 | 5 | p |
|---|---|---|---|---|---|
| 1 | 13,42 | 11,52 | 7,16 | 8,94 | 4,00 |
| 2 | | 19,14 | 10,77 | 21,26 | 13,30 |
| 3 | | | 8,44 | 7,88 | 7,88 |
| 4 | | | | 11,45 | 4,00 |
| 5 | | | | | 8,00 |

Deslocando a origem do sistema para o ponto a ser estimado e dispondo esses valores em matrizes para a solução dos $\lambda_i$ e dos $\alpha_i$, tem-se:

$$
\begin{bmatrix}
0 & 13,4 & 11,5 & 7,2 & 9,0 & 1 & 0 & 1,0 \\
13,4 & 0 & 19,2 & 10,8 & 21,1 & 1 & 3,3 & 0,4 \\
11,5 & 19,1 & 0 & 8,4 & 7,9 & 1 & -1,0 & -1,7 \\
7,2 & 10,8 & 8,4 & 0 & 11,4 & 1 & 0,8 & -0,6 \\
9,0 & 21,3 & 7,9 & 11,4 & 0 & 1 & -2,0 & 0 \\
1 & 1 & 1 & 1 & 1 & 0 & 0 & 0 \\
0 & 3,3 & -1,0 & 0,8 & -2,0 & 0 & 0 & 0 \\
1,0 & 0,4 & -1,7 & -0,6 & 0 & 0 & 0 & 0
\end{bmatrix}
\begin{bmatrix}
\lambda_1 \\ \lambda_2 \\ \lambda_3 \\ \lambda_4 \\ \lambda_5 \\ \mu \\ \alpha_1 \\ \alpha_2
\end{bmatrix}
=
\begin{bmatrix}
4,0 \\ 13,3 \\ 7,9 \\ 4,0 \\ 8,0 \\ 1 \\ 0 \\ 0
\end{bmatrix}
$$

Resolvendo esse sistema, os resultados são:
$\lambda_1 = 0,412$; $\lambda_2 = -0,014$; $\lambda_3 = 0,093$; $\lambda_4 = 0,413$; $\lambda_5 = 0,096$
$\lambda = -0,725$
$\alpha_1 = 0,066$ $\alpha_2 = 0,023$

O valor estimado em p é, portanto:
$z(p) = 0,412(120) - 0,014(103) + 0,093(142) + 0,413(115) + 0,096(148) = 122,90$ m

com variância da estimativa igual a 8,1 m².

A diferença entre este valor encontrado, da ordem de 122,9 m, e o anterior obtido por krigagem pontual, ou seja, 125,3 m, não é muito grande e isso se deve ao arranjo espacial dos poços em relação a p, o qual localiza-se numa posição interna aos pontos conhecidos de controle.

A aplicação da krigagem universal torna-se evidente, porém, quando é necessário que a estimativa seja feita, por extrapolação, em uma situação externa e distante dos pontos de controle. No presente caso, o nível estático mergulha de oeste para leste, caindo por volta de 40 m entre os poços 2 e 3 e, se a superfície mantiver essa tendência, ou deriva, é de se esperar valores mais altos que 142 m a oeste de "3" e valores menores que 103 a leste de "2". Seja, portanto, a estimativa de um valor situado na origem do sistema de coordenadas, isto é, $z_{(0,0)}$.

Nesta situação obtém-se, por krigagem pontual:

$$\lambda_1 = -0,122 \qquad \lambda_2 = 0,011 \qquad \lambda_3 = 0,752 \qquad \lambda_4 = -0,031 \qquad \lambda_5 = 0,389$$

$$\mu = 7,911$$

$$Z_{(0,0)} = -0,122(120) + 0,011(103) + 0,752(142) - 0,031(115) + 0,389(148) = 147,4\,\text{m}$$

$$S_k^2 = 17,31\,\text{m}^2 \text{ e } S_k = 4,16\text{m}$$

Assumindo, em seguida, uma tendência de primeiro grau, os coeficientes $\lambda_i$, $\mu$ e $\alpha_i$ encontrados pela krigagem universal são:

$$\lambda_1 = -0,5594 \qquad \lambda_2 = -0,3020 \qquad \lambda_3 = 1,3133 \qquad \lambda_4 = 0,1451 \qquad \lambda_5 = 0,4030$$

$$\mu = 26,3832$$

$$\alpha_1 = -1,7940 \qquad \alpha_2 = -4,1795$$

$$Z_{(0,0)} = 164,6\,\text{m}$$

$$S_k^2 = 26,8\,\text{m}$$

$$S_k = 5,17\,\text{m}$$

Neste caso, as diferenças obtidas segundo os dois métodos é bem maior (147,4 e 164,6), pois para a estimativa levou-se em consideração a tendência do mergulho da superfície dentro dos pontos de controle, a qual foi projetada para o ponto $z_{(0,0)}$. Também o erro associado a tal estimativa é maior, pois o valor encontrado incorpora tanto a incerteza da estimativa como a própria estimativa da deriva.

## 10.2.2.2 Exemplo

A matriz de dados para este exemplo foi retirada de Olea (1999; apêndice B), a qual encontra-se disponível também em: http://www.kgs.ukans.edu/Mathegeo/Books/Geostat/index.html.

São 327 poços provenientes do aquífero "High Plains", no Estado norte-americano do Kansas, de idade terciário-quaternária. Esse aquífero é constituído por areias aluviais e eólicas associadas a depósitos de preenchimento de vales de uma drenagem que se dirige para leste a partir das montanhas rochosas. Nesses poços foram obtidas as coordenadas X e Y, em milhas, e as variáveis LSE (*land surface elevation*): cota topográfica; WTE (*water table elevation*): cota do nível estático, e WD (*water depth*): profundidade do lençol freático ou espessura da zona insaturada, todas medidas em pés.

Escolhendo as variáveis cota da superfície topográfica e cota do nível estático, os variogramas obtidos para a direção 0° (EW) com abertura de 45° encontram-se nas Figuras 10.20 e 10.21. A escolha dessa direção deveu-se ao fato de que a maior variabilidade dos dados ocorre ao longo dela.

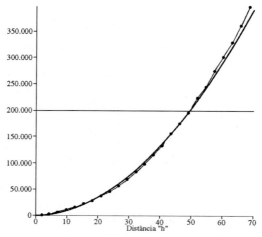

FIGURA 10.20 – Variogramas experimental e teórico para a cota da superfície topográfica, considerando a presença de deriva de primeiro grau; $\gamma(h) = 112$ Pow $(1,93)$.

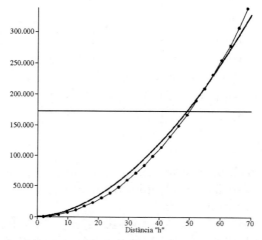

FIGURA 10.21 – Variogramas experimental e teórico para a cota do nível estático, considerando a presença de deriva; $\gamma(h) = 500$ Pow $(1,8)$.

Estes variogramas indicam, tanto para a superfície topográfica como para o nível estático, a presença de uma tendência nos dados, o que está de acordo com a realidade por tratar-se de uma superfície topográfica com pronunciada inclinação de oeste para leste. Considerando essa tendência linear, aplica-se a krigagem universal, cujos mapas resultantes encontram-se nas Figuras 10.22. e 10.23.

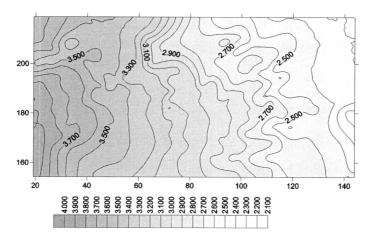

FIGURA 10.22 – Superfície topográfica obtida pela krigagem universal.

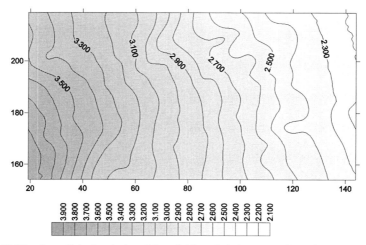

FIGURA 10.23 – Superfície do nível estático obtida pela krigagem universal.

Como há críticas no que se refere à aplicação dessa metodologia, pois, embora a krigagem universal seja matematicamente correta, surgem dificuldades para separar o fenômeno em duas componentes, ou seja, uma tendência determinística e uma flutuação casual baseada apenas na diferença entre distâncias (Armstrong, 1984), optou-se por mostrar, apenas para a variável cota do nível estático, a aplicação da *krigagem com tendência*, semelhante à *krigagem residual* (Samper-Calvete & Carrera-Ramírez, 1990). Maiores detalhes sobre este tipo de análise encontra-se em Landim et al. (2002a).

É necessário, preliminarmente, remover a tendência e trabalhar com os resíduos. Ao final, depois de obtido o mapa pela *krigagem ordinária* dos resíduos, será necessário acrescentar o mapa de tendência como correção.

Desse modo, encontram-se para os dados do nível estático a superfície de tendência de primeiro grau e o respectivo mapa de resíduos (Figura 10.24.).

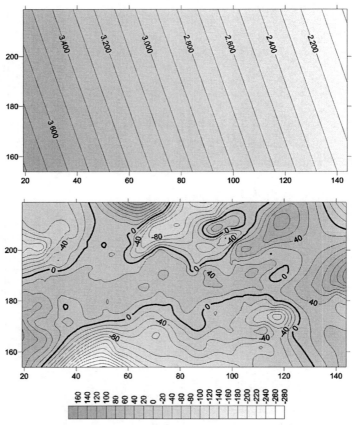

FIGURA 10.24 – Mapas de tendência de primeiro grau e de resíduos referentes à cota do nível estático.

Os histogramas dos dados originais e dos respectivos resíduos encontram-se nas Figuras 10.25. e 10.26.

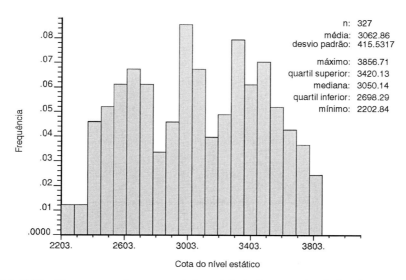

FIGURA 10.25 – Histograma referente aos dados originais das cotas do nível estático.

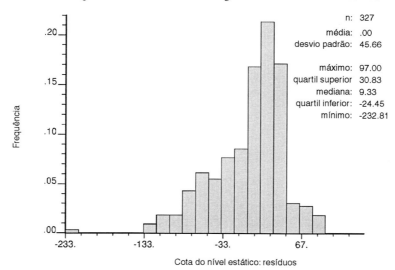

FIGURA 10.26 – Histograma referente aos resíduos da superfície linear ajustada aos dados do nível estático

Obtidos variogramas em quatro direções, N–S (N0), NE–SW (N45), E–W (N90) e NW–SE (N135), todos com abertura angular de 45°, para verificar a presença ou não de anisotropia, os resultados revelaram anisotropia zonal. Neste tipo de anisotropia, tanto a amplitude como o patamar variam de acordo com as diversas direções e este comportamento está associado ao zoneamento espacial da variável (Figura 10.27).

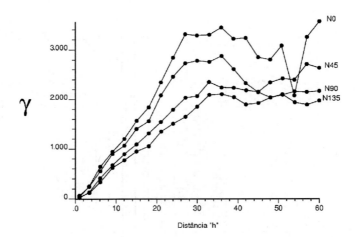

FIGURA 10.27 – Variogramas para as quatro direções principais indicando presença de anisotropia zonal.

Para a modelagem de anisotropia zonal escolhem-se os variogramas com o maior e o menor patamar, no caso direções N0 e N90 respectivamente, assumindo que o efeito pepita seja igual ou inexistente.

O resultado dessa modelagem permite verificar que o modelo variográfico final obtido é um "variograma médio" para todas as direções (Figura 10.28).

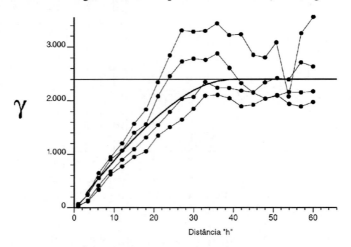

FIGURA 10.28 – Modelo esférico ($\gamma = 0 + 2400$ esférico h(40)) para a anisotropia zonal existente nos resíduos dos valores do nível estático.

Depois de ajustado o modelo, efetua-se a krigagem ordinária, sendo obtido também o mapa de desvios padrão da krigagem. Os resultados estão nas Figuras 10.29 e 10.30.

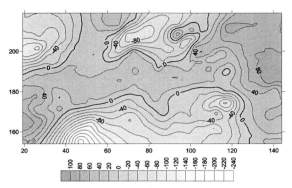
FIGURA 10.29 – Mapa dos resíduos obtido pela krigagem ordinária.

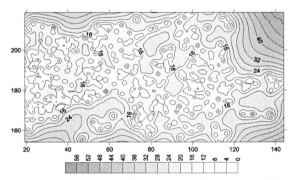
FIGURA 10.30 – Mapa dos desvios padrão da krigagem ordinária dos resíduos.

É fundamental enfatizar que estes resultados dizem respeito aos valores residuais, havendo necessidade de uma correção. Isso é feito acrescentando ao mapa de krigagem o mapa de tendência linear anteriormente obtido. Na Figura 10.31 econtram-se o mapa resultante.

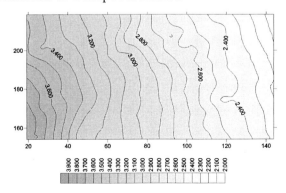
FIGURA 10.31 – Mapa da configuração do nível estático obtido pela krigagem ordinária, após correção (interpolação dos resíduos + tendência).

Para o caso de se efetuar a krigagem diretamente nos dados originais do nível estático e de se adotar como modelo variográfico aquele inicialmente encontrado, o resultado é exibido na Figura 10.32. Visualmente não se percebem grandes diferenças entre este mapa e aquele que levou em consideração a tendência presente.

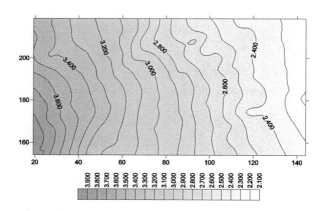

FIGURA 10.32 – Mapa do nível estático obtido pela krigagem ordinária, sem correção.

Qual a razão, portanto, para a adoção de metodologia específica quando se trabalha com dados com tendência? A resposta está no correspondente mapa de desvios padrão da krigagem. Conforme pode-se observar na Figura 10.33, a distribuição desses valores é bem maior, num intervalo de 0 a 300, do que quando se usa o modelo apropriado, que apresenta um intervalo de 0 a 56. Em outras palavras, se o modelo variográfico adotado não for o correto, os erros associados às estimativas por krigagem tornam-se maiores.

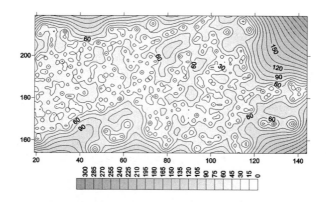

FIGURA 10.33 – Mapa dos desvios padrão da krigagem ordinária.

### 10.2.3 Krigagem indicativa

A *krigagem indicativa* consiste basicamente na aplicação da krigagem ordinária para a variável transformada, ou seja, a variável resultante da aplicação da função não linear $f(z) = 0$ ou 1. O conceito inicial foi apresentado por Journel (1983) como uma proposta para construir uma função de distribuição acumulativa condicional (*conditional cumulative distribution function – "ccdf"*) para a estimativa de distribuições espaciais. O conceito da transformação indicativa é dos mais simples e amigável, uma vez que os variogramas indicativos são os mais fáceis de modelar. Pela sua simplicidade, pode-se afirmar que é um método elegante.

No processo básico da krigagem, a estimativa é feita para determinar um valor médio em um local não amostrado. Pode-se, porém, também fazer estimativas baseadas em valores que se situem abaixo ou acima de um determinado nível de corte (*cutoff*). Este procedimento, estabelecido para vários níveis de corte (percentis e/ou quartis, por exemplo) de uma distribuição acumulada, conduzirá a uma estimativa de vários valores dessa distribuição em um determinado local, cuja função poderá ser ajustada.

Para se atingirem estes objetivos, o primeiro passo, na krigagem indicativa, é transformar os dados originais em indicadores, isto é, transformar os valores que estão acima de um determinado nível de corte em 0 (zero) e os que estão abaixo em 1 (um):

$$i_j(v_c) = \begin{cases} 1 & se \quad v_j \leq v_c \\ 0 & se \quad v_j > v_c \end{cases}$$

Neste tipo de transformação, os maiores valores abaixo do nível de corte terão 100% de probabilidade de ocorrência e os maiores valores acima do nível de corte, 0% de probabilidade. Caso se deseje o inverso, a transformação da variável original deverá ser:

$$i_j(v_c) = \begin{cases} 1 & se \quad v_j > v_c \\ 0 & se \quad v_j \leq v_c \end{cases}$$

Desta forma, são calculados os semivariogramas experimentais indicativos para determinados níveis de corte e estabelecidos os modelos variográficos para eles. Os semivariogramas indicativos podem ser estimados pela função:

$$\gamma_i(h, v_c) = \frac{1}{2N_h} \sum_{i=1}^{N_h} [i(x + h, v_c) - i(x, v_c)]^2,$$

226

onde:

$h$ = passo (*lag*) básico
$v_C$ = nível de corte
$N$ = número de pares

Efetuando-se a krigagem ordinária pontual nos valores transformados, obtém-se a probabilidade de $v_i < v_c$. Desta forma, à medida que se incrementa $v_c$, obtêm-se valores estimados de uma função de distribuição acumulada, assim expresso:

$$F(v; v_c / (n)) \ = \ E\{i(v; v_c) / (n)\}$$

Definidas as funções de distribuição acumulada, pode-se, portanto, obter qualquer intervalo probabilístico da variável, ou seja:

$$F(v_1) - F(v_1)$$

onde: $v_1 < v_1$.

Conforme constatado, para a aplicação da krigagem indicativa o passo inicial é a escolha dos níveis de corte, segundo os quais serão obtidos os mapas de probabilidades de ocorrência. O objetivo, porém, tanto pode ser a procura de valores acima do nível de corte, como a determinação de teores anômalos de um determinado bem mineral, como valores abaixo do nível de corte, como em análise ambiental para a determinação de níveis de poluição abaixo de um certo teor crítico. Esta decisão, portanto, é de fundamental importância, podendo tal escolha dar-se por um conhecimento *a priori*, quando já se tem informações pertinentes sobre certos valores considerados críticos em relação à variável em estudo, ou por manipulação matemática, como no cálculo de distribuições de probabilidades acumuladas que revelarão valores de percentis.

Exemplos de aplicação podem ser encontrados em Sturaro & Landim (1996), Sturaro et al. (2000), Landim & Saturo (2002), entre outros, havendo à disposição diversos *softwares* para o cálculo da krigagem indicativa, inclusive na bilioteca da GSLIB (Deutsch & Journel, 1998).

### 10.2.3.1 Exemplo

Os dados para este exemplo provêm do já citado trabalho de Bellenzani Jr. et al. (1990) e, neste caso, é considerada a variável espessura da Formação Serra Geral (Tabela 10.1). Essa Formação, constituída predominantemente por basaltos, atua como um estrato confinante do aquífero Botucatu, podendo às vezes apresentar-se, também, como reservatório por causa da presença de fraturas, e a caracterização de sua espessura merece atenção.

O estudo variográfico dessa variável aponta para um modelo esférico, conforme pode-se observar na Figura 10.34.

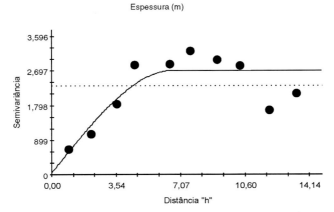

FIGURA 10.34 – Modelo esférico para espessura da Formação Serra Geral ($C_0$ = 304; $C_0$ + C = 2997; a = 6,59).

Tendo este modelo esférico como base, obtém-se o mapa de isópacas por krigagem ordinária (Figura 10.35). Nele, nota-se a localização das maiores espessuras.

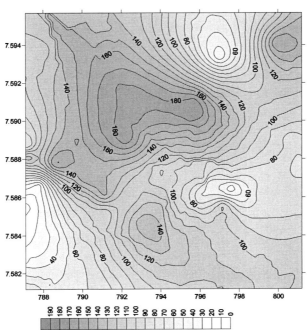

FIGURA 10.35 – Mapa de isópacas da Formação Serra Geral por krigagem ordinária.

A título de exemplo, verifica-se pela curva acumulada de distribuição que o valor 89 m corresponde ao primeiro quartil, ou seja, 25% dos valores de espessura dessa Formação, que são iguais ou inferiores a esse valor, e os restantes 75% apresentam valores maiores. O valor 89 foi, pois, considerado como o nível de corte e atribuiu-se o valor 1 para as espessuras maiores e 0 (zero) para as espessuras menores. Desse modo, pretende-se encontrar um mapa de probabilidades de ocorrência que indique regiões com espessuras maiores que 89 m. A parte inicial dos dados encontra-se na Tabela 10.4.

Tabela 10.4 – Transformação de valores da espessura para valores 0 e 1

| ID | X | Y | Espessura | e25 |
|---|---|---|---|---|
| 1 | 790,25 | 7.585,95 | 100 | 1 |
| 2 | 790,5 | 7.586,5 | 140 | 1 |
| 3 | 794 | 7.586,35 | 130 | 1 |
| 4 | 797,3 | 7.586,25 | 40 | 0 |
| 5 | 794,15 | 7.586,65 | 97 | 1 |
| 6 | 792,9 | 7.584,7 | 154 | 1 |
| 7 | 791,2 | 7.585,25 | 80 | 0 |
| 8 | 796,25 | 7.586,9 | 142 | 1 |
| 9 | 799,9 | 7.594,1 | 180 | 1 |
| 10 | 788.6 | 7.587,75 | 190 | 1 |
| ... | ... | ... | ... | ... |

O variograma para essa nova situação encontra-se na Figura 10.36 e a krigagem indicativa resultante na Figura 10.37.

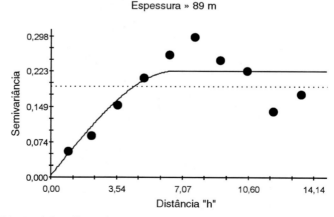

FIGURA 10.36 – Modelo esférico ($C_0 = 0,0032$; $C_0 + C = 0,2244$; $a = 6,73$).

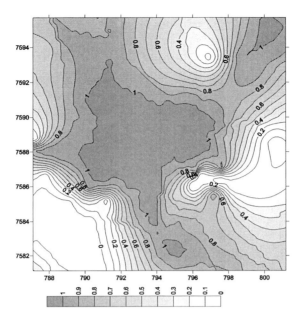

FIGURA 10.37. Probabilidades de ocorrência de espessuras da Formação Serra Geral, acima de 89 m, obtidas por krigagem indicativa.

A probabilidade de ocorrerem espessuras maiores que 89 m varia de 0% à 100%; os valores menores no mapa indicam menor probabilidade de ocorrência e os valores maiores, maior probabilidade. Como esperado, as regiões com maior probabilidade de ocorrência de espessuras, acima de 89 m, coincidem com aquelas regiões, mostradas no mapa da Figura 10.35, com maiores espessuras.

### 10.2.4 Cokrigagem ordinária

A *cokrigagem* é um procedimento geoestatístico segundo o qual diversas variáveis regionalizadas podem ser estimadas em conjunto, com base na correlação espacial entre si. É uma extensão multivariada do método da krigagem quando, para cada local amostrado, obtém-se um vetor de valores em lugar de um único valor.

A aplicação da *cokrigagem* torna-se bastante evidente quando duas ou mais variáveis são amostradas nos mesmos locais dentro de um mesmo domínio espacial e apresentam significativo grau de correlação. Valores ausentes não se tornam problemáticos, pois o método deve ser usado exatamente quando uma das variáveis apresenta-se subamostrada em relação às demais. Essa variável é conhecida como "primária" e as demais como "secundárias". O objetivo é, portanto, melhorar a estimativa da variável subamostrada utilizando aquelas mais densamente amostradas. Trata-se de uma ferramenta geoestatística cada vez mais utilizada em diversas situações de estimativa ou de modelagem, existindo à disposição diversos programas (Carr et al., 1985; Yates & Yates, 1990; Marcotte, 1991 e Deutsch & Journel, 1998, entre outros).

As coordenadas das variáveis primária e secundária tanto podem ser as mesmas como não, originando três situações: heterotopia completa, quando as variáveis foram medidas a partir de diferentes conjuntos e não ocorre nenhuma localização em comum; heterotopia parcial, quando as variáveis compartilham alguns pontos de amostragem; isotopia, quando os dados das variáveis provêm dos mesmos pontos.

Fundamental na utilização da cokrigagem é a verificação prévia da correlação existente entre as variáveis, a qual deve ser alta para que as estimativas sejam consistentes. Também deve ser notado que a melhoria de interpretação somente é significativa quando uma das variáveis tem um número extremamente reduzido de casos em relação à outra.

A solução para a cokrigagem é fornecida, mediante cálculo matricial, por:

$$
\begin{bmatrix}
\left[ C^{11}\left( x_{\alpha_1}, x_{\alpha'_1} \right) \right] & \left[ C^{12}\left( x_{\alpha_1}, y_{\alpha_2} \right) \right] & \begin{matrix} 1 & 0 \\ \vdots & \vdots \\ 1 & 0 \end{matrix} \\
\left[ C^{21}\left( y_{\alpha_2}, x_{\alpha_1} \right) \right] & \left[ C^{22}\left( y_{\alpha_2}, y_{\alpha'_2} \right) \right] & \begin{matrix} 0 & 1 \\ \vdots & \vdots \\ 0 & 1 \end{matrix} \\
\begin{matrix} 1 & \cdots & 1 \\ 0 & \cdots & 0 \end{matrix} & \begin{matrix} 0 & \cdots & 0 \\ 1 & \cdots & 1 \end{matrix} & \begin{matrix} 0 & 0 \\ 0 & 0 \end{matrix}
\end{bmatrix}
\begin{bmatrix}
\left[ \omega_{\alpha_1} \right] \\
\left[ \upsilon_{\alpha_2} \right] \\
-\mu_1 \\
-\mu_2
\end{bmatrix}
=
\begin{bmatrix}
\left[ C^{11}\left( x_{\alpha_0}, x_{\alpha_1} \right) \right] \\
\left[ C^{12}\left( x_{\alpha_0}, x_{\alpha_2} \right) \right] \\
1 \\
0
\end{bmatrix}
$$

$$\text{[A]} \qquad\qquad \text{[X]} \qquad\qquad \text{[B]}$$

onde $\alpha_i = 1_i \ldots n_i$ representam os $n_i$ pontos para a variável $Z^i$ e $\alpha_i' = 1, \ldots n_i$ representam os $n_i$ pontos com deslocamento de h para a variável $Z^i$, onde i é o identificador da variável primária $Z^1$ ou secundária $Z^2$.

A matriz [A] é composta por:

submatriz $\left[ c^{11}\left( x_{\alpha_1}, x_{\alpha'_1} \right) \right]$, que descreve a distribuição espacial da primeira variável $Z^1$;

submatriz, $\left[ C^{22}\left(y_{\alpha_1}, y_{\alpha'_2}\right)\right]$ que descreve a distribuição espacial da segunda variável $Z^2$;

submatrizes $\left[ C^{12}\left(x_\alpha, y_{\alpha_2}\right)\right]$ e $\left[ c^{21}\left(y_{\alpha_2}, x_{\alpha_1}\right)\right]$, que descrevem a variabilidade cruzada das variáveis $Z^1$ e $Z^2$ consideradas em conjunto; os termos restantes 0 e 1 correspondem à condição de não viés para ambas as variáveis.

A matriz [A] não contém nenhuma informação sobre o ponto $x_o$, objeto da estimativa. Toda a informação necessária está contida no segundo membro do sistema, o vetor [B], o qual é composto por dois subvetores:

subvetor $\left[ C^{11}\left(x_0, x_{\alpha_1}\right)\right]$, que depende da configuração geométrica relativa do ponto $x_0$ em relação aos pontos $x_{\alpha1}$, onde $Z^1$ é observada;

subvetor $\left[ C^{12}\left(x_0, y_{\alpha_1}\right)\right]$, que depende da configuração geométrica relativa do ponto $x_0$ em relação aos pontos $y_{\alpha2}$, onde $Z^2$ é observada; os termos restantes 0 e 1 correspondem à condição de não viés.

A solução do sistema, ou seja, o cálculo dos coeficientes $\omega$'s, $\nu$'s e dos multiplicadores de Lagrange $\mu_1$ e $\mu_2$, expressos pela matriz [X] para diferentes pontos $x_0$, é obtida pela inversão de [A] e subsequente multiplicação por [B].

As equações da cokrigagem são formuladas na suposição que as variáveis primária e secundária apresentam covariâncias, com matriz positiva definitiva, para ser considerada uma matriz de covariâncias-cruzada válida. Uma maneira simples para a obtenção dessa matriz é utilizar o *modelo linear de corregionalização*.

O modelo linear de corregionalização fornece um método para ajustar os autovariogramas e variogramas cruzados entre duas variáveis ou mais de tal maneira que a variância de qualquer combinação linear possível dessas variáveis seja sempre positiva. Tal combinação usa as mesmas estruturas dos autovariogramas e dos variogramas cruzados, mantendo o mesmo valor para o alcance. Detalhes podem ser encontrados, entre outros, em Isaaks & Srivastava (1989). Em termos bem simples, ambos os determinantes das matrizes a seguir, referentes aos valores do efeito pepita ($C_0$) e soleira (C), devem ser positivos, para que se possa considerar válida a aplicação da cokrigagem:

$$\begin{vmatrix} C_0U & C_0UV \\ C_0UV & C_0V \end{vmatrix} > 0 \qquad \begin{vmatrix} CU & CUV \\ CUV & CV \end{vmatrix} > 0$$

Maiores detalhes sobre cokrigagem podem ser obtidos em Aboufirassi & Mariño (1984), Freund (1986), Isaaks & Srivastava (1989), Landim et al. (1995), Wackernagel (1995), Deutsch & Journel (1998), Olea (1999), Clark & Harper (2000), Conde & Yamamoto (2000) e Landim et al. (2002b).

### 10.2.4.1 Exemplo

Este exemplo é apresentado com poucos dados para ilustrar como se desenvolve a aplicação da cokrigagem. Seja uma situação com três pontos onde V é uma variável medida nesses três pontos e U, a variável de interesse, medida em apenas duas dessas três localidades. A questão é estimar U em um local não amostrado, como mostra a Figura 10.38.

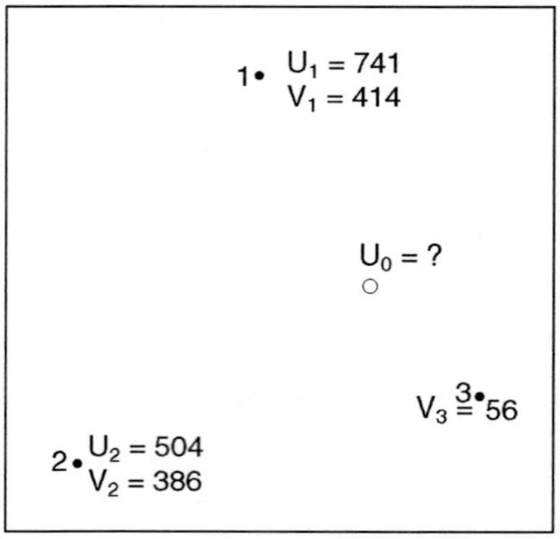

FIGURA 10.38 – Distribuição dos pontos, com coordenadas (0,0) para U0; (-3,6) para o ponto 1; (–8,–5) para o ponto 2; (3,-3) para o ponto 3.

Esses dados provêm de uma amostragem mais densa constituída por 275 pontos para U e 470 pontos para V, originária da região de Walker Lake no Estado norte-americano de Nevada, apresentados e amplamente discutidos no texto de Isaaks & Srivastava (1989). A análise covariográfica desses dados revelou as seguintes relações:

$\gamma U(h) = 440000 + 70000\gamma(h'_1) + 95000\gamma(h'_2)$

$\gamma V(h) = 22000 + 40000\gamma(h'_1) + 45000\gamma(h'_2)$

$\gamma UV(h) = 47000 + 50000\gamma(h'_1) + 40000\gamma(h'_2)$

Para verificar a validade do modelo linear de corregionalização foram calculados os determinantes das matrizes referentes a cada estrutura:

- Efeito pepita

$$\begin{vmatrix} 22,000 & 470,00 \\ 47,000 & 440,000 \end{vmatrix} = 7.471.000.000 > 0$$

- Segunda estrutura

$$\begin{vmatrix} 40,000 & 50,000 \\ 50,000 & 70,000 \end{vmatrix} = 300.000.000 > 0$$

- Terceira estrutura

$$\begin{vmatrix} 45,000 & 40,000 \\ 40,000 & 95,000 \end{vmatrix} = 2.675.000.000 > 0$$

A Tabela 10.5 mostra os valores de covariâncias e covariâncias cruzadas necessários para o cálculo de $U_0$.

Tabela 10.5 – Covariâncias de U e de V e covariâncias cruzadas

| Pares de variáveis | Distância reticulado | Distância estrutural | $C_U(h)$ | $C_V(h)$ | $C_{UV}(h)$ |
|---|---|---|---|---|---|
| $U_1U_1$ | 0,0 | 0,0 | 605,000 | | |
| $U_1U_2$ | 12,1 | 9,1 | 99,155 | | |
| $U_2U_2$ | 0,0 | 0,0 | 605,000 | | |
| $V_1V_1$ | 0,0 | 0,0 | | 107,000 | |
| $V_1V_2$ | 12,1 | 9,1 | | 49,623 | |
| $V_1V_3$ | 10,8 | 5,0 | | 57,158 | |
| $V_2V_2$ | 0,0 | 0,0 | | 107,000 | |
| $V_2V_3$ | 11,2 | 11,2 | | 45,164 | |
| $V_3V_3$ | 0,0 | 0,0 | | 10,000 | |
| $U_1V_1$ | 0,0 | 0,0 | | | 137,000 |
| $U_1V_2$ | 12,1 | 9,1 | | | 49,715 |
| $U_1V_3$ | 10,8 | 5,0 | | | 57,615 |
| $U_2V_1$ | 12,1 | 9,1 | | | 49,715 |
| $U_2V_2$ | 0,0 | 0,0 | | | 137,000 |
| $U_2V_3$ | 11,2 | 11,2 | | | 45,554 |
| $U_0U_1$ | 6,7 | 2,6 | 134,229 | | |
| $U_0U_2$ | 9,4 | 9,0 | 102,334 | | |
| $U_0V_1$ | 6,7 | 2,6 | | | 70,210 |
| $U_0V_2$ | 9,4 | 9,0 | | | 52,697 |
| $U_0V_3$ | 4,2 | 2,5 | | | 75,887 |

234

Esses valores compõem as equações de cokrigagem:

$$\begin{bmatrix} 605.000 & 99.155 & 137.000 & 49.715 & 57.615 & 1 & 0 \\ 99.155 & 605.000 & 49.715 & 137.000 & 45.554 & 1 & 0 \\ & & & & & & \\ 137.000 & 49.715 & 107.000 & 49.623 & 57.158 & 0 & 1 \\ 49.715 & 137.000 & 49.623 & 107.000 & 45.164 & 0 & 1 \\ 57.615 & 45.554 & 57.158 & 45.164 & 107.000 & 0 & 1 \\ & & & & & & \\ 1 & 1 & 0 & 0 & 0 & 0 & 0 \\ 0 & 0 & 1 & 1 & 1 & 0 & 0 \end{bmatrix} \times \begin{bmatrix} a_1 \\ a_2 \\ \\ b_1 \\ b_2 \\ b_3 \\ \\ \mu_1 \\ \mu_2 \end{bmatrix} = \begin{bmatrix} 134.229 \\ 102.334 \\ \\ 70.210 \\ 52.697 \\ 75.887 \\ \\ 1 \\ 0 \end{bmatrix}$$

Resolvendo essas equações, encontram-se os seguintes valores para pesos da cokrigagem, valor da estimativa para $U_0$ e variância da estimativa por cokrigagem:

- Pesos da cokrigagem:
  ponto $U_1$: $a_1 = 0,512$ ponto $U_2$: $a_2 = 0,488$
  ponto $V_1$: $b_1 = -0,216$ ponto $V_2$: $b_2 = -0,397$ ponto $V_3$: $b_3 = 0,666$
- Multiplicadores de Lagrange:
  $\mu_1 = -205,963$ $\mu_2 = -13,823$
- Valores estimados no ponto de estimativa por cockrigagem:
  Estimativa de $U_0 = 398$ Variância de $U_0 = 681549$

Apenas a título de informação, se fosse aplicada a krigagem ordinária o valor estimado para $U_0$ seria 630, com a previsão de variância dessa estimativa da ordem de 719.509.

### 10.2.4.2 Exemplo

Os dados para este exemplo foram retirados de Sturaro (1994) e referem-se ao estudo feito em sua tese de doutorado sobre o mapeamento geoestatístico de propriedades geotécnicas na região do sítio urbano de Bauru/SP. Uma descrição detalhada sobre o assunto encontra-se nesse trabalho, em Landim et al. (2002b), ou então no site www.rc.unesp.br/igce/aplicada/grupo.html

Para esse estudo foram selecionados, na área, 92 furos de sondagem de simples reconhecimento que forneceram a cota topográfica do local e o nível do lençol freático, como mostra a Figura 10.39.

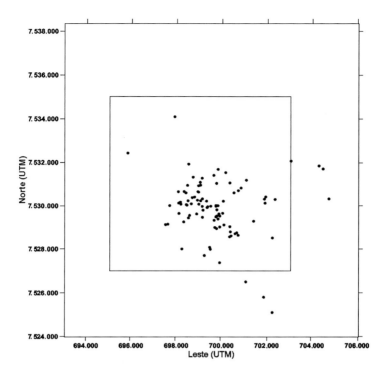

FIGURA 10.39 – Mapa da distribuição dos furos de sondagem que forneceram valores para cota topográfica e nível do lençol freático. Área central mais densamente amostrada e a área total, objeto da cokrigagem.

Conforme observado na Figura 6.1, a variável "nível do lençol freático" é linearmente correlacionada com a cota topográfica, com um coeficiente de correlação da ordem de 0,97. Tal relação permite uma cokrigagem, com a variável primária sendo o topo do lençol freático, obtida somente nos furos de sondagens, e a variável secundária, cota topográfica, obtida também nos furos, mas ao mesmo tempo facilmente determinada no mapa topográfico.

Originalmente as informações para as cotas do lençol freático tinham sido obtidas apenas na área representada pelo setor mais urbanizado, representado pelo polígono interno, com uma densidade maior de pontos de coleta, mas havia a intenção de uma extrapolação dessas estimativas para a periferia da cidade, polígono externo, subamostrada.

Para a obtenção da variável "cota topográfica" a carta topográfica da região de Bauru foi subdividida em celas de 130 x 143,5 m e dentro de cada uma delas verificou-se o valor do ponto central, originando, desse modo, uma matriz de 100 por 100 nós, cobrindo a área toda. Esses 10.000 pontos é que foram utilizados, como variável secundária, para estimar o nível do lençol freático em toda a área considerada.

O primeiro passo para efetivar estimativas pela cokrigagem é a elaborararação dos variogramas individuais para as variáveis envolvidas na análise. Assim foram encontrados os variogramas para a cota topográfica e o topo do lençol freático.

Os variogramas experimentais foram realizados nas duas principais direções N–S e E–W, com ângulos de tolerância de 30°, juntamente com a direção global isotrópica.

Os variogramas da cota topográfica apresentam um comportamento praticamente isotrópico, com uma variabilidade ligeiramente menor na direção E–W. A componente aleatória é muito baixa, denotando uma boa correlação espacial. Ao observar a ascensão dos variogramas, nota-se a presença de dois patamares que refletem a presença de duas estruturas variográficas conjugadas.

Para atender a essas características no modelamento dos variogramas, empregaram-se duas estruturas esféricas, que resultou no seguinte modelo variográfico isotrópico:

$$\gamma_s(h) = 50 + 400Esf.2400(h) + 850Esf.7600(h)$$

Esse modelo serviu de base para modelar os demais variogramas, visto que está fundamentado em uma densa malha regular de pontos, que lhe confere significativa representatividade na variabilidade do processo geológico. Como o topo do lençol freático mantém estrita relação com a topografia, podem se esperar estruturas de variabilidade semelhantes.

Dessa forma, apesar de as configurações dos variogramas do topo do lençol freático não se apresentarem devidamente na forma de estruturas de variabilidade conjugadas, seguiu-se o modelo usado para as cotas topográficas, visto que a malha da variável topo do lençol freático é muito inferior com relação à quantidade e regularidade da malha topográfica, o que também pode ocasionar um mascaramento das reais estruturas de variabilidade. Assim, com base no modelo topográfico, foi adotado o seguinte modelo para a variável primária:

$$\gamma_p(h) = 200Esf.2400(h) + 500Esf.7600(h)$$

O passo seguinte é a confecção do variograma cruzado que, de forma similar aos variogramas anteriores, foi modelado conforme o modelo básico da topografia cuja função é a seguinte:

$$\gamma_{ps}(h) = 1 + 200Esf.2400(h) + 600Esf.7600(h)$$

Finalmente foi obtido o mapa de estimativa do topo do lençol freático para a área toda, isto é, incluindo os arredores do perímetro urbano.

A imagem da Figura 10.40 mostra o topo do lençol freático, cujo padrão espacial reflete bastante a topografia local. Nos locais onde as cotas apresentam valores mais baixos está indicada a rede de drenagem, denotando proximidade ou mesmo afloramento do lençol freático nestes locais.

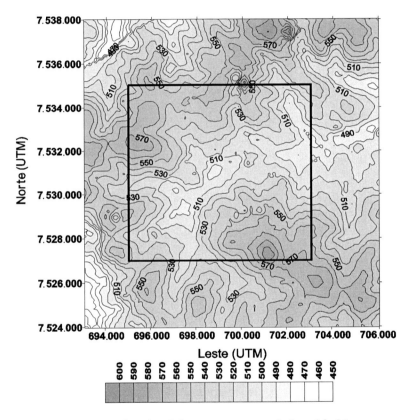

FIGURA 10.40 – Mapa estimado pela cokrigagem para o topo do lençol freático.

O mapa de isovalores dos desvios padrão das estimativas para o lençol freático encontra-se na Figura 10.41.

Como esperado, nos setores com maior densidade de amostragem, os desvios padrão são relativamente mais baixos e homogêneos, aumentando bruscamente para a periferia, onde a malha corresponde somente à variável secundária, ou seja, as cotas topográficas.

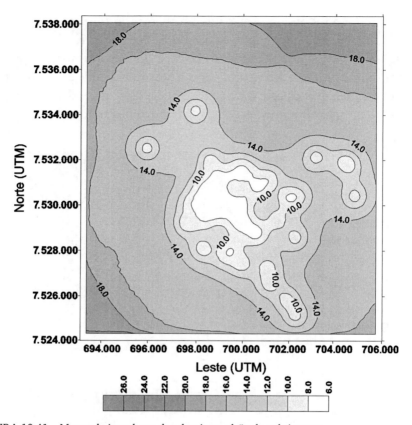

FIGURA 10.41 – Mapas de isovalores dos desvios padrão da cokrigagem.

## 10.3 *Softwares* para uso em geoestatística

Uma das grandes dificuldades para a aplicação dos métodos geoestatísticos talvez seja o de manusear um grande número de dados e, em consequência, a necessidade de *softwares* específicos. Na medida em que ocorreu uma grande difusão dos microcomputadores, os programas seguiram o mesmo caminho. Existem à disposição desde pacotes comerciais extremamente sofisticados, e caros, até programas mais em conta e com ótimo desempenho, como o SURFER®, o GS+® e o WinGslib®, utilizados neste texto. A relação a seguir adotou como critério enunciar apenas programas que são de domínio público e facilmente obtidos pela Internet. Nesse sentido, indica o *site* www.ai-geostats.org, que é um local de troca de informações sobre Sistemas de Informações Georreferenciadas e, principalmente, estatística espacial.

- GEO-EAS® (Geostatistical Environmental Assessment Software)

Um pacote muito difundido, criado por E. Englund e A. Sparks para a *U.S. Environmental Protection Agency (EPA)*. A atual versão, 1.2.1, foi compilada em julho de 1990, para ambiente operacional MS-DOS, e um manual revisado foi publicado em abril de 1991. Em 1993 surgiu uma versão para Unix.

Desenvolvido para avaliação e monitoramento de impacto ambiental, mas pode ser utilizado em qualquer problema que envolva variáveis espaciais e necessite de análise geoestatísitca em duas dimensões.

Na versão original do *GEO-EAS* estão incluídos utilitários para manuseio de dados, estatística uni e bivariada, análise variográfica, modelagem variográfica, análise para anisotropia, validação cruzada, mapeamento de erros e krigagem simples e ordinária para estimativa de pontos e de blocos. Posteriormente foi incluído um utilitário para cokrigagem.

O *software* foi escrito em *FORTRAN 77* e são fornecidos os programas executáveis, além das fontes. Os arquivos de entrada de dados são em ASCII e podem ser criados a partir de qualquer banco de dados ou editor de texto. Os resultados, também em ASCII, podem ser usados por outros pacotes. Os gráficos resultantes não são de boa qualidade, sem comprometer a interpretação, porém arquivos *metacode* podem ser criados e convertidos para arquivos gráficos. O formato de entrada dos dados tornou-se padrão para outros pacotes que se seguiram.

Pode ser baixado a partir do endereço www.epa.gov/ada/csmos/models/geoeas.html.

- GEOPACK®

Pacote desenvolvido por S. R. Yates e M. V. Yates para o Laboratório Robert S. Kerr da *U.S. Environmental Protection Agency (EPA)*. A versão 1.0 foi liberada em janeiro de 1990.

Inicialmente desenvolvido para gerenciamento de rejeitos e, posteriormente, para trabalhos em mineração, indústria do petróleo, meio ambiente, etc. quando não se tem acesso a estações de trabalho mais poderosas que um PC. Tanto pode ser usado como uma ferramenta de estudo como para projetos mais elaborados.

O *GEOPACK* executa funções estatísticas básicas e as funções geoestatísticas incluem análise variográfica, modelagem variográfica por ajuste interativo ou por mínimos quadrados, krigagem ordinária e cokrigagem em duas dimensões para estimativa de pontos e de áreas, validação cruzada,

240

transformação de dados para krigagem indicativa e krigagem e cokrigagem disjuntivas.

É fornecida uma interface para converter dados *GEOPACK* no formato *GEO-EAS* e também converter arquivos criados pelo *GEO-EAS* para serem usados no *GEOPACK*. Além disso, podem ser adicionados programas gráficos, como *GRAPHER* e *SURFER*; e editor de texto, como o Edit do MS-DOS.

São apresentados apenas os programas executáveis. Os dados são formatados em *ASCII* e os gráficos resultantes são de qualidade razoável, sem comprometer a interpretação.

Pode ser baixado a partir do endereço: www.epa.gov/ada/csmos/models/geopack.html.

- FSS Geostatistical TOOLBOX®

Pacote desenvolvido pela firma de consultoria em problemas de avaliação de impactos ambientais *FSS International*, por R. Froidevaux, originalmente para os cursos de treinamento oferecidos pela firma. A versão 1.30 foi apresentada em dezembro de 1990.

Planejado inicialmente para ser usado em conjunto com outros programas comerciais que constroem tabelas, bancos de dados, gráficos e mapas, pode ser usado em aplicações científicas, e também em mineração, geologia do petróleo e meio ambiente. As rotinas do *TOOLBOX* são compatíveis com o *GEO-EAS* e o *GEOPACK*.

O pacote inclui praticamente todas as funções estatísticas uni e bivariadas tradicionais. As funções geoestatísticas, aplicáveis para duas e três dimensões, executam análise variográfica, modelagem variográfica, krigagem simples e ordinária, com suporte pontual ou em área, cokrigagem para duas dimensões, krigagem universal, validação cruzada para krigagem e cokrigagem e cálculo de reservas em prospecção geológica.

Foram escritos em Turbo Pascal da Borland® e são fornecidos apenas os programas executáveis. Os programas-fontes são cedidos, a pedidos, para fins não comerciais. O formato dos dados é *ASCII* e os gráficos resultantes são adequados, porém de qualidade não muito boa. Para melhorar sua aparência deve-se utilizar programas gráficos comerciais que lhe são acopláveis.

Pode ser baixado a partir do endereço: http://www-sst.unil.ch/research/variowin/index.html.

- GSLIB®

É uma biblioteca de programas desenvolvidos junto à Universidade de Stanford, Estados Unidos da América, para ambiente DOS, sobre a direção de A. G. Journel. A editora Oxford University publicou a primeira edição em 1992, e uma segunda em 1998, um indispensável guia para o usuário acompanhado de disquetes ou CD com as diversas sub-rotinas em *FORTRAN*, sob o título *GSLIB Geoestatistical Software Library and User's Guide*, tendo como autores C. V. Deutsch e A. G. Journel.

Trata-se de um conjunto de programas bastante completo, sendo fornecidos 203 arquivos, incluindo 37 programas, diversos utilitários, conjuntos de exemplos, arquivos com parâmetros e arquivos gravados em padrão *PostScript*. Esses arquivos combinados realizam o que há de mais completo atualmente para a análise espacial de dados, em duas e três dimensões, no que se referente aos vários aspectos da variografia, krigagem e simulação estocástica.

A primeira versão do GSLIB 2.0 está disponível gratuitamente, juntamente com os programas fontes em *FORTRAN 77*. A última versão 2.90, escrita em *FORTRAN 90*, é também gratuita apenas para os programas executáveis. Há também um suplemento comercial, denominado WinGslib 1.1.3, para a interface Windows 95/98/NT.

Os dados são em *ASCII* num formato similar ao *GEO-EAS*. Os resultados e as saídas gráficas são de ótima qualidade, devendo ser previamente convertidos para *PostScript*.

Como estão à disposição códigos-fonte, permite adaptações e complementações para a solução de problemas específicos como, por exemplo, para o modelamento variográfico por quadrados mínimos ponderados (Jian et al., 1996) ou para o cálculo de semivariogramas em 3D (Sturaro, 2000) e pacotes como UPFILE Plus® 3.0 (Kanevski, et al., 1997) e 3Plot98® 4.60 (Kanevski et al., 1999), em plataforma Windows, que tornam o uso do GSLIB mais amigável.

O programa gamavw3.exe encontra-se em www.rc.unesp.br/igce/aplicada/software.html.

Os softwares UPFILE e 3Plot encontram-se em:

www.ibrae.ac.ru/~mkanev/eng/Upfile.html e www.ibrae.ac.ru/~mkanev/eng/3plot.html

• VARIOWIN®

Conjunto de programas desenvolvido por Yvan Pannatier para análise e modelamento de variogramas em 2D, em ambiente Windows. Acompanha o livro *VARIOWIN: Software for Spatial Data Analysis in 2D* (Springer-Verlag, 1996), atualmente esgotado.

Calcula variograma, madograma, correlograma, variograma cruzado e madograma cruzado em todas as direções e omnidirecional; calcula também superfícies variográficas. A modelagem é interativa.

Como o livro acha-se esgotado, a última versão, Variowin 2.21, encontra-se disponível no endereço: http://www-sst.unil.ch/research/variowin/index.html.

Uma relação das perguntas mais frequentes (FAQ) pode ser encontrada em http://www.springer-ny.com/supplments/variowin.html

- GSTAT®

Livraria de programas desenvolvida por Edzer J. Pebesma e colaboradores, da Universidade de Utrecht, Holanda. A última versão data de 2001.

Efetua modelamento, previsão e simulação geoestatísticas para uma variável e para multivariáveis; calcula variogramas, variogramas cruzados, covariogramas ou covariogramas cruzados; modelagem de modelos aninhados de maneira interativa e não interativa; fornece mapas variográficos; calcula krigagem simples, krigagem ordinária, krigagem indicativa e krigagem universal.

Para a saída gráfica, requer o programa Gnuplot® (www.gnuplot.info), também gratuito.

Os programas, bem como o manual, podem ser baixados a partir do endereço www.gstat.org.

## 10.4 Considerações finais

Em resumo, a geoestatística pode ser usada com eficiência para: transformar observações geológicas em números; estimar distribuições espaciais e suas incertezas; interpolar e extrapolar valores em mapas; quantificar erros; analisar áreas de riscos; orientar planos de amostragem; integrar diferentes tipos de dados; modelar e simular processos geológicos.

No entanto, a geoestatística não é uma metodologia tipo "caixa-preta"; não origina dados que sejam representativos; não acrescenta dados que necessitam ser adicionados; não economiza tempo e esforço; não substitui o necessário entendimento e julgamento especializados; não é uma alternativa para um enfoque determinístico, pois trata informações conhecidas como determinísticas e informações desconhecidas como probabilísticas.

A "resposta" geoestatística é controlada pelo modelo escolhido e seus parâmetros, os quais podem se mostrar errados na medida em que novos dados venham a ser acrescentados.

# Referências bibliográficas

ABOUFIRASSI, M., MARIÑO, M. A. Cokring of Aquifer Transmissivities from Field Measurements of Transmissivity and Specific Capacity. *Math. Geology*, v.16, p.19-35, 1984.

AGTERBERG, F. P. Methods of Trend Surface Analysis. *Quaterly Colorado School of Mines*, v.59, p.111-30, 1964.

_____. *Geomathematics*: Elsevier, 1974.

_____. Trend Surface Analysi. In: *Spatial Statistics and Models*. D. Reidel Publ. Co. 1984a. p.147-71.

_____. (Ed.) Theory, Application and Comparison of Stratigraphic Correlation Methods. *Computers & Geosciences*, v.10, n.1, 1984b.

ARMSTRONG, M. Problems with Universal Kriging. Math. *Geology*, n.16, p.101-8, 1984.

ANDERSON, T. W., GOODMAN, L. A. Statistical inference about Markov chain. *Ann. Math. Stat.*, v.28, p.89-110, 1957.

BAAS, J. H. EZ-ROSE: A Computer Program For Equal-Area Circular Histograms And Statistical Analysis Of Two-Dimensional Vectorial Data. *Computers & Geosciences*, v.26, p.153-66, 2000.

BALDISSERA, D. H. *Análise morfoestrutural por superfície de tendência vetorial na área do Domo de Pitanga (SP)*. Rio Claro, 2001. Dissertação (Mestrado em Geografia) – Instituto de Geociências e Ciências Exatas, Universidade Estadual Paulista.

BARTLETT, M. S. Properties of Sufficiency and Statistical Tests. *Proc. Royal Soc., Ser. A*, v.160, p.268-82, 1937.

BELLENZANI JR., V. D., LANDIM, P. M. B., STURARO, J. R. Análise espacial quantitative de dados hidrogeológicos do Município de Araraquara – SP. *Geociências (São Paulo)*, n.esp., p.197-214, 1990.

BENNETT, C. A., FRANKLIN, N. L. *Statistical Analysis in Chemistry and the* Chemical Industry: John Wiley and Sons, 1954.

BINGHAM, C. *Distributions on the Sphere and on the Projective Plane.* Yale, 1964, Thesis (Ph.D.) – Yale University.

BOKMAN, J. Lithology and Petrology of the Stanley and Jackfork Formations. *Jour. Geology*, v.61, p.152-70, 1953.

BONYUN, D., STEVENS, G. A General Purpose Computer Program to Produce Geological Stereonet Diagrams. In: *Data Processing in Biology and Geology.* Academic Press. 1971. p.165-8.

BROOKER, P. I. *A Geostatistical Primer.* World Scientific, 1991.

CAETANO, M. R. *Aplicação de métodos quantitativos ao estudo comparado de secções litológicas do Paleozoico Superior da Bacia Sedimentar do Paraná (Grupos Tubarão e Passa Dois).* São Paulo, 1978. Dissertação (Mestrado) – Instituto Geociências, Universidade de São Paulo.

CAETANO, M. R., LANDIM, P. M. B. Análise da distribuição normal em partículas arenosas. *Not. Geomorfológicas*, v.15, p.41-54, 1975.

_____. A utilidade das cadeias de Markov em estratigrafia quantitativa. *Geociências (São Paulo)*, v.1, p.49-68, 1982.

CARNEIRO, C. D. R. (Coord.) *Projeção estereográfica para análise de estruturas*: programas ESTER e TRADE. Publicação IPT 2377, 1996.

CARR, J., MYERS, D. E., GLASS, C. H. Co-Kriging: a Computer Program. *Computers & Geociences*, v.11, p.111-27, 1985.

CAVA, L. T. (Coord.) Potencial e perspectivas para o carvão mineral do Estado do Paraná. MINEROPAR/PR, 1985.

CHAYES. F., KRUSKAL, W. An Approximate Statistical Test for Correlation between Proportions. *Jour. Geology*, v.74, p.692-702, 1966.

CHAYES, F. On Correlation between Variables of Constant Sum. *Jour. Geophys. Res.*, v.65, p.4185-93, 1960.

_____. *Ratio Correlation*: A Manual for Students of Petrology and Geochemistry. University of Chicago Press, 1971.

CHEENEY, R. F. *Statistical Methods in Geology.* Geoge Allen & Unwin, 1983.

CHILÈS, J. P., DELFINER, P. *Geostatistics. Modeling Spatial Uncertainty.* John Wiley and Sons, 1999.

CLARK, I. *Practical Geostatistics.* Applied Science Publishers, 1979.

CLARK, I. SNARK: A Four-Dimensional Trend-Surface Computer Program. *Computers & Geosciences*, v.3, p.283-308, 1977.

CLARK, I., HARPER, W. V. *Practical Geostatistics 2000.* Geostokos (Ecosse) Limited, 2000.

CONDE, R. P., YAMAMOTO, J. K. Evaluation of kriging for asbestos ore reserve estimation at Cana Brava mine, Goiás, Brazil. In: *Geostat 2000*. Proceedings of the Mining and Petroleum Geostatistics Sessions at the 31th. I.G.C., p.189-201, Ed. M. Armstrong, C. Bettini, N. Champigny, A. Galli, A. Remacre. Kluwer Academic Publ., 2000.

CORSI, A. C. et al. Análise de tendência vetorial em dados de fraturamento, aplicada à hidrogeologia no Triângulo Mineiro (MG). *Bol. 6. Simpósio sobre o Cretáceo do Brasil*, 2. Simpósio sobre el Cretácico de América Del Sur, 2002. p.387-93.

CRESSIE, N. Fitting variogram model by weighted least squares. *Mathematical Geology*, v.17, p.563-86, 1985.

_____. The origins of kriging. *Math. Geology*, v.22, p.239-52, 1990.

_____. *Statistics for Spatial Data*. John Wiley and Sons, 1991.

CUBITT, J. M., REYMENT, R. A. (Ed.) *Quantitative Stratigraphic Correlation*. John Wiley and Sons, 1982.

DAVID, M. *Geostatistical Ore Reserve Estimation*. Elsevier, 1977.

DAVIS, J. C. *Statistics and Data Analysis in Geology*. John Wiley and Sons, 1973.

_____. *Statistics and Data Analysis in Geology*. 2.ed. John Wiley and Sons, 1986.

DAWSON, K. R., WHITTEN, E. H. T. The quantitative mineralogical composition and variation of the Lacorne, La Motte, and Preissac granitic complex, Quebec, Canada. *Jour. Petrology*, v.3, n.1, p.1-37, 1962.

DeLURY, D. B. *Values and Integrals of the Orthogonal Polynomials up to n = 26*. University of Toronto Press, 1950.

DEPARTAMENTO NACIONAL DA PRODUÇÃO MINERAL/DNPM *Bases técnicas de um sistema de quantificação do patrimônio mineral brasileiro*. Relatório do Grupo de Trabalho, Portaria n.3 de 24.10.1990, da Secretaria Nacional de Minas e Metalurgia, 1992.

DEUTSCH, C. V., JOURNEL, A. G. *GSLIB*: Geostatistical Software Library and User's Guide. 2.ed. Oxford University Press, 1998.

DIEHL, P., DAVID, M. Classification of ore Reserves/Resources Based on Geostatistical Methods. *C.I.M. Bulletin*, n.75, p.127-36, 1982.

DIGGLE, P. J. *Statistical Analysis of Spacial Point Patterns*. Academic Press, 1983.

FISHER, R. A. Dispersion on a Sphere. *Proc. Royal Soc. London*, Ser. A., v.217, p.295-305, 1953.

FISHER, R. A., YATES, F. *Statistical Tables for Biological, Agricultural and Medical Research*. Oliver and Boyd, 1948.

FOX, W. T. FORTRAN IV Program for Vector Trend Analysis of Directional Data. *Kansas Geol. Survey, Computer Contr.*, v.11, 1967.

FRANKE, R. Scattered Data Interpolation: Test of Some Methods. *Math.Comput.*, v.38, p.181-200, 1982.

FREUND, M. J. Cokriging: Multivariate Analysis in Petroleum Exploration. *Computer & Geociences*, v.12, p.485-91, 1986.

FROIDEVAUX, R. Geoestatistics and Ore Reserve Classification. *C.I.M. Bulletin*, n.75, p.77-83, 1982.

GAILE, G. L., WILLMOTT, C. J. EDT *Spatial Statistics and Models*. D. Reidel Publ. Co., 1984.

GOODMAN, A. Compare: a FORTRAN IV Program for the Quantitative Comparison of Polynomial Trend Surfaces. *Computers & Geociences*, v.9, p.417-54, 1983.

GOOVAERTS, P. *Geostatistics for Natural Resouces Evaluation*. Oxford University Press, 1997.

GRANT, F. A problem in the analysis of geophysical data. *Geophysics*, v.22, p.309-44, 1957.

GRIFFITHS, J. C. Estimation of Error in Grain Size Analysis. *Jour. Sed. Petrology.*, v.23, p.75-84, 1953.

_____. *Scientific Method in Analysis of Sediments*. McGraw-Hill Book Co., 1967.

GRINGARTEN, E., DEUTSCH, C. V. Variogram Interpretation and Modeling. *Math. Geology*, v.33, p.507-34, 2001.

GUMBEL, E. J., GREENWOOD, J. A., DURAND, D. C. The Circular Normal Distribution: Theory and Tables. *Jour. Am. Statist. Assoc.*, v.48, p.131-83, 1953.

GUERRA, P. A. G. *Geoestatística Operacional*. Departamento Nacional da Produção Mineral, 1988.

HAINING, R. Trend-Surface Models with Regional and Local Scales of Variation with an Application to Aerial Survey Data. *Technometrics*, v.29, p.461-9, 1987.

HARBAUGH, J. W. A Computer Method for Four-Variable Trend Analysis Illustrated by a Study of Oil-gravity Variations in Southeastern Kansas. *Kansas Geological Survey, Bull.*, v.171, 1964.

HARBAUGH, J. W., MERRIAM, D. F. *Computer Applications in Stratigraphic Analysis*. John Wiley and Sons, 1968.

HARDY, R. L. Multiquadric Equations of Topography and Other Irregular Surfaces. *Jour. Geophys. Res.*, v.76, p.1905-15, 1971.

HATTORI, I. Entropy in Markov Chains and Discrimination of Cyclic Patterns in Lithologic Succession. *Math. Geology*, v.8, p.477-97, 1976.

HOWARTH, R. J. Mapping. In: HOWARTH, R. J. (Ed.) *Statistics and Data Analysis in Geochemical Prospecting*. Elsevier, 1983. 437p.

IRVING, E. *Paleomagnetism*. John Wiley and Sons, 1964.

ISAAKS, E., SRIVASTAVA, R. M. *An Introduction to Applied Geostatistics*: Oxford University Press, 1989.

JIAN, X., OLEA, R. A., YU, Y. S. Semivariogram Modeling by Weighed Least Squares. *Computers & Geociences*, v.22, p.387-97, 1996.

JONES, T. A. Statistical Analysis of Orientation Data. *Jour. Sed. Petrology*, v.38, p.61-7, 1968.

_____. Skewness and Kurtosis as Criteria of Normality in Observed Frequency Distributions. *Jour. Sed. Petrology.*, v.39, p.1622-7, 1969.

JOURNEL, A. G. *Etude sur l'Estimation d'une Variable Regionalisée-Application à la Cartographie Sous-Marine*. Service Central Hydrographique de la Marine, 1969.

_____. *Non-Parametric Estimation Of Spatial Distribution*. Math. Geology, v.15, p.445-68, 1983.

JOURNEL, A. G., HUIJBREGTS, C. *Mining Geostatistics*. Academic Press, 1978.

JOURNEL, A. G., ROSSI, M. When do we need a trend model in kriging? *Math. Geology*, v.21, p.715-39, 1989.

KANSA, E. J. Multiquadradics: a Scattered Data Approximation Scheme with Applications to Computational Fluid-Dynamics-I. Comput. *Math. Applic.*, v.19, p.127-45, 1990.

KING, L. C. A Geomorfologia do Brasil Oriental. *Rev. Bras. Geografia*, v.18, p.147-265, 1956.

KOCH JR., G. S., LINK, R. F. *Statistical Analysis of Geological Data*. John Wiley and Sons, 1970. v.1.

_____. *Statistical Analysis of Geological Data*. John Wiley and Sons, 1971. v.2.

KRUMBEIN, W. C. Preferred Orientation of Pebbles in Sedimentary Deposits. *Jour. Geology*, v.47, p.673-706, 1939.

_____. Regional and local components in facies maps. *Bull. A. Assoc. Petrol. Geologists*, n.40, p.2163-94, 1956.

_____. Trend Surface Analysis of Contour-Type Maps with Irregular Control-Point Spacing. *Jour. Geophys. Res.*, v.64, p.823-34, 1959.

_____. Open and Closed Number Systems in Stratigraphic Mapping. *Bull. Am. Assoc. Petrol. Geologists*, v.46, p.2229-45, 1962.

_____. FORTRAN IV Computer Programs for Markov Models Chain Experiments in Geology. *Kansas Geological Survey, Computer Contribution*, v.13, 1967.

_____. FORTRAN IV Computer Program for Simulation of Trangression and Regression with Continous-Time Markov Models. *Kansas Geological Survey, Computer Contribution*, v.26, 1968.

KRUMBEIN, W. C., GRAYBILL, F. A. *An Introduction to Statistical Models in Geology*. Mc-Graw-Hill Book Co., 1965.

KRUMBEIN, W. C., MILLER, R. L. Design of Experiments for Statistical Analysis of Geological Data. *Jour. Gelogy*, v.61, p.510-32, 1953.

KRUMBEIN, W. C., SLACK, H. A. Statistical Analysis of Low Level Radioactivity of Pennsylvanian Black Fissile Shale in Illinois. *Geol. Soc. Am. Bull.*, v.67, p.739-62, 1956.

KRUMBEIN, W. C., JONES, T. A. The Influence of a Real Trends on Correlation between Sedimentary Properties. *Jour. Sed. Petrology*, v.40, p.656-65, 1970.

KRUMBEIN, W. C., SCHERER, W., MERRIAM, D. F. CORSURF: a Covariance-Matrix Trend-Analysis FORTRAN IV Computer Program. *Computers & Geosciences*, v.21, p.1065-89, 1995.

LANDIM, P. M. B. O Grupo Passa Dois (P) na bacia do rio Corumbataí (SP): D.N.P.M, D.G.M, *Bol. 252*, 1970.

_____. Aplicação de matrizes de probabilidade de transição litológica à secções estratigráficas da Formação Itararé (Grupo Tubarão), Soc. Bras. Geologia. *Anais*... 25. Congresso Brasileiro de Geologia, n.1, p.281-93, 1971.

_____. Contribuição ao estudo dos Mistitos do Grupo Tubarão no Estado de São Paulo. Esc. Eng. São Carlos, USP (175), *Geologia*, v.17, p.1-98, 1973.

LANDIM, P. M. B., SOARES, P. C. PUMPUTIS: Cálculo de Reserva de uma Jazida de Carvão por Metodologia Geoestatística. *Geociências (São Paulo)*, v.2, p.211-30, 1988.

LANDIM, P. M. B., STURARO, J. R. *Krigagem indicativa aplicada à elaboração de mapas probabilísticos de riscos*: Lab. Geomatemática, Texto didático 6, DGA, IGCE, UNESP, 2002. Disponível em: http://www.rc.unesp.br/igce/aplicada/textodi.html.

LANDIM, P .M. B., STURARO, J. R., MONTEIRO, R. C. O Coeficiente de correlação na utilização da cokrigagem. VI Simp. Quant. Geociências, UNESP/Rio Claro, *Bol. Res. Expandidos*, p.91-94, 1995.

_____. *Krigagem ordinária para situações com tendência regionalizada*: Lab. Geomatemática, Texto didático 7, DGA, IGCE, UNESP, 2002a. Disponível em: http://www.rc.unesp.br/igce/aplicada/textodi.html.

_____. *Exemplos de aplicação da cokrigagem*: Lab. Geomatemática, Texto didático 9, DGA, IGCE, UNESP, 2002b. Disponível em: http://www.rc.unesp.br/igce/aplicada/textodi.html.

LAPPONI, J. C. *Estatística usando EXCEL 5 e 7*. Lapponi Treinamento e Editora, 1997.

LI, J. C. R. *Statistical Inference, I*. Edwards Brothers, 1964.

MANDELBAUM, H. Quantitative Comparison of Contour Maps. *Jour. Geophys. Res.*, v.71, p.431-3, 1966.

MANN, C. J. Misuses of Linear Regression in Earth Sciences. Int. Assoc. Math. Geology, Stud. *Math. Geology*, v.1, p.74-106, 1987.

MARCOTTE, D. Cokriging with Matlab. *Computers & Geociences*, v.17, p.1265-80, 1991.

MARDIA, K. V. *Statistics of Directional Data*. Academic Press, 1972.

MARDIA, K. V. Statistics of Directional Data (with discussion). *Jour. Royal Statist. Society*, B, v.37, p.349-93, 1975.

MATHERON, G. Traité de Géostatistique Appliquée, Tome I. *Mémoires du Bureau de Recherches Géologiques et Minières*. Editions Technip, 1962. v.14.

_____.Traité de Géostatistique Appliquée, Tome II. *Mémoires du Bureau de Recherches Géologiques et Minières*. Editions Technip, 1963. v.24.

MERRIAM, D. F., SNEATH, P. H. A. Quantitative Comparison of Contour Maps. *Jour. Geophisical Res.*, v.71, p.1105-15, 1966.

MILLER, R. L. An Application of the Analysis of Variance to Paleontology. *Jour. Paleontology*, v.23, p.635-40, 1949.

MIRCHINK, M. F., BUKHARTSEV, V. P. The Possibility of a Statistical Study of Structural Correlations: *Doklady Akad.Nau*, URSS (trad. inglesa), n.126, p.495-7, 1960.

NEMEC, W. The shape of the rose. *Sedimentary Geology*, v.59, p.149-52, 1988.

OLDHAM, C. W. G., SUTHERLAND, D. B. Orthogonal polynomials: their use in estimating the regional effect. *Geophysics*, v.20, p.295-306, 1955.

OLEA, R. A. Optimum Mapping Techniques using Regionalized Variable Theory. *Kans. Geol. Survey.*, Series on Spatial Analysis, n.2, 1975.

_____. Systematic Sampling of Spatial Functions. *Kansas Geol. Survey.*, Series on Spatial Analysis, n.7, 1984.

_____. Geostatistical Glossary and Multilingual Dictionary. Int. Assoc. Math. Geology, *Stud. Math.Geology*, n.3, Oxford University Press, 1991.

_____. *Geostatistics for Engineers and Earth Scientists*. Kluwer Academic Publishers, 1999.

OLSON, J. S., POTTER, P. E. Variance Components of Cross-Bedding Direction in Some Basal Pennsylvanian Sandstone. *Jour. Geology*, v.62, p.26-47, 1954.

PANNATIER, Y. *VARIOWIN. Software for Spatial Data Analysis in 2D*. Springer-Verlag, 1996.

PARDO-IGÚZQUIZA, E. *VARFIT*: a fortran-77 program for fitting variogram models by weighted least squares. *Computers & Geosciences*, v.25, p.251-61, 1999.

PEARSON, E. S., HARTLEY, H. O. *Biometrika Tables for Statisticians*. Cambridge: Cambridge University Press, 1976.

PEIKERT, E. W. IBM/709 Program for Least-Squares Analysis of Three Dimensional Geological and Geophysical Observations. *Tech. Rept.* n.4, ONR Task n.389-135, Northwestern University, 1963.

PFLUG, R. Trend-Surface Analysis and Graphic Representation Using a 2-K Disk Computer. *Computers & Geosciences*, v.1, p.331-4, 1976.

PHILLIPS, F. C. *The Use of Stereographic Projection in Structural Geology*. Arnold, 1972.

PINCUS, H. J. Some Vector and Arithmetic Operations on Two-Dimensional Orientation Variates with Applications to Geological Data. *Jour. Geology*, v.64, p.533-57, 1956.

PONTE, F. C. Estudo morfoestrutural da Bacia Alagoas-Sergipe. *Bol. Técnico da Petrobrás*, v.12, n.4, p.439-74, 1969.

POTTER, P. E; BLAKELY, R. F. Random Processes and Lithologic Transitions. *Jour. Geology*, v.76, p.154-70, 1967.

POTTER, P. E., PETTIJOHN, F. J. *Paleocurrents and Basin Analysis*: Academic Press, 1963.

PRESTON, D. D. FORTRAN IV Program for Sample Normality Tests. *Kansas Geol. Survey, Computer Contrib.*, v.41, 1970.

PROMON. *Projeto Conceitual da Mina de Carvão de Sapopema*. 1984. Relatório final (Inédito).

RAMSAY, J. G. *Folding and Fracturing of Rocks*. McGraw-Hill Book and Co., 1967.

RAO, J. S., SENGUPTA, S. An Optimun Hierarchical Sampling Procedure for Cross-Bedding Data. *Jour. Geology*, v.78, p.533-44, 1970.

RENDU, J. M. An Introduction to Geostatistical Methods of Mineral Evaluation. South African Inst. Min. Metall., Monograph Series, *Geostatistics 2*, 1981.

RIPLEY, B. D. *Spatial statistics*. John Willey and Sons, 1981.

_____. *Statistical Inference for Spatial Processes*. Cambridge University Press, 1988.

ROYLE, A. G. How to Use Geostatistics for Ore Reserves Classifications. *Word Mining*. p.52-56, Febr. 1977.

SAMPER-CALVETE, F. J., CARRERA-RAMIREZ, J. *Geoestadística*: aplicaciones a la hidrologia subterranean. 2.ed. C.I.M.N.E., Universitat Politécnica de Catalunya, 1996.

SAMPSON, R., DAVIS, J. C. Three-Dimensional Response Surface Program in FORTRAN-II for the IBM/1620 Computer. *Kansas Geol. Survey, Computer Contr.*, v.10, 1967.

SCHUENEMEYER, J. Directional Data Analysis. In: *Spatial Statistics and Models*. Reidel Publ. Co., 1984. p.253-70.

SCHWARZACHER, W. Some Experiments to Simulate the Pennsylvanian Rock Sequence of Kansas. *Kansas Geol. Survey, Computer Contribution*, v.18, p.5-14, 1967.

_____. *Sedimentation Models and Quantitative Stratigraphy*. Elsevier, 1975.

SHAPIRO, S. S, WILK, M. B. An Analysis of Variance Test for Normality (complete samples). *Biometrika*, v.52, p.591-611, 1965.

SHAW, D. M. Evaluation of Data. In: *Handbook of Geochemistry*. Springer-Verlag, 1969. v.I, cap.11.

SICHEL, H.S. The Estimaiton of Means and Associated Confidence Limits for Small Samples from Lognormal Population. SYMP. MATH. STAT. COMP. APPL. ORE VALUATION, South Afr. Inst. Min. Metall., p.106-22, 1966.

SIEGEL, S. *Nonparametric Statistics for the Behavioral Sciences*. McGraw-Hill Book Co., 1956.

SIZE, W. B. (Ed.) Use and abuse of Statistical Methods in the Earth Sciences. Int. Assoc. Math. Geology. *Stud. Math. Geology*, n.1, Oxford University Press, 1987.

SNEATH, P. H. A. Estimating Concordance between Geographical Trends. *Systematic Zoology*, n.15, p.250-2, 1966.

SOARES, A. *Geoestatística para as Ciências da Terra e do Ambiente*. I. S. T. Press, 2000.

SOARES, P. C., LANDIM, P. M. B. Depósitos Cenozoicos na Região Centro-Sul do Brasil. *Not. Geomorfológica*, v.16, p.17-39, 1976.

SOARES, P. C., LANDIM, P. M. B., FÚLFARO, V. J. Tectonic Cycles and Sedimentary Sequences in the Brazilian Intracratonic Basins. *Geol. Soc. Am. Bull*, n.89, p.191, 1978.

SPEARMAN, C. The Proof and Measurement of Association Between Two Things. *American Jour. Psycology*, v.15, p.72-101, 1904.

STAUFFER, M. R. An Empirical-Statistical Study of Tree-Dimensional Fabric Diagrams as Used in Structural Analysis. *Can. Jour. Earth. Sci.*, v.3, p.473-98, 1966.

STEINMETZ, R. Analysis of Vectorial Data. *Jour. Sed. Petrology*, v.32, p.801-12, 1962.

STEVENS, S. S. On the Theory os Scales of Measurement. *Science*, v.103, p.677-80, 1946.

STRAHLER, A. N. Statistical Analysis in Geomorphic Research. *Jour. Geology*, v.62, p.1-25, 1954.

STURARO, J. R. *Mapeamento geoestatístico de propriedades geológico-geotécnias obtidas em sondagens de simples reconhecimento*. São Carlos, 1994. Tese (Doutorado) – Escola de Engenharia de São Carlos, Universidade de São Paulo.

STURARO, J. R., LANDIM, P. M. B. Mapeamento geoestatístico de ensaios de penetração padronizada (SPT). *Solos e Rochas*, v.19, p.3-14, 1996.

STURARO, J. R., LANDIM, P. M. B., RIEDEL, P. S. O emprego da técnica geoestatística da krigagem inidicativa em Geotecnia Ambiental. *Solos e Rochas*, v.23, p.157-64, 2000.

STURGES, H. A. The Choice of a Class Interval. *Jour. Am. Stat. Assoc.*, v.21, p.65-6, 1926.

SUTTERLIN, P. G., HASTINGS, J. P. Trend Surface Analysis Revisited. A case History. *Computers & Geociences*, v.12, p.537-62, 1986.

TILL, R. *Statistical Methods for the Earth Scientist*. MacMillan Press Ltd., 1974.

TROUTMAN, B. M., WILLIAMS, G. P. *Fitting Straight Lines in the Earth Sciences*: Int. Assoc. Math. Geology. *Stud. Math. Geology*, v.1, p.107-28, Oxford University Press, 1987.

UPTON, G. J. G., FINGLETON, B. *Spatial Data Analysis by Examples*. John Wiley and Sons, 1985-1989. v.1/2.

VALENTE, J. M. G. P. *Geomatemática*: Lições de Geoestatística. Fundação Gorceix, 1982. 8v.

VERLY, G., DAVID, M., JOURNEL, A. G., MARECHAL, A. (Ed.) *Geostatistics for Natural Resources Characterization*. D. Reidel Publ. Co., 1984. 2v.

VISTELIUS, A. B. *Structural Diagrams*. Pergamon Press, 1966.

WACKERNAGEL, H. *Multivariate Geostatistics*. Springer-Verlag, 1995.

WAINSTEIN, B. M. An Extension of Lognormal Theory and its Application to Risk analysis Models for New Mining Ventures. *Jour. South Afr. Inst. Min. Metall.*, v.75, p.221-38, 1975.

WATSON, G. S. The statistics of Orientation Data. *Jour. Geology*, v.74, p.786-97, 1966.

_____. Orientation Statistics in the Earth Sciences. *Bull. Geol. Institute University of Uppsala*, NS 2, p.73-89.3, 1970.

_____. Trend-surface analysis. *Journ. Int'l. Assoc. Mathematical Geology*, v.3, p.215-26, 1971.

WEBSTER, R., McBRATNEY, B. On the Akaike Information Criterion for choosing models for variograms of soil properties. *Journal of Soil Science*, v.40, p.493-6, 1989.

WELLMER, F. W. Classification of ore reserves by geostatistical methods. *Erzmetall.*, v.36, p.315-21, 1983,

WHITTEN, E. H. T. Compositional trends in a granite: modal variation and ghost stratigraphy in part of the Donegal granite, Eire. *Jour. Geophys. Res.*, v.64, p.835-49, 1959.

_____. *Structural Geology of Folded Rocks*. Rand Mc Nally, 1966.

WILLIAMS, G. P., TROUTMAN, B. M. Algebraic Manipulation of Equation of Best – Fit Straight Lines. Int. Assoc. Math. Geology, *Stud. Math. Geology*, n.1, p.129-141, 1987. Oxford University Press.

YAMAMOTO, J. K. A review of numerical methods for the interpolation of geological data. *An. Acad. Bras. Ciências*, v.70, p.91-116, 1998.

_____. An Alternative Measure of the Reliability of Ordinary Kriging Estimates. *Mathematical Geology*, v.32, p.337-40, 2000.

_____. (Ed.) *Avaliação e classificação de reservas minerais*. São Paulo: Editora da Universidade de São Paulo. 232p. 2001.

YAMAMOTO, J. K., CONDE, R. P. Classificação de recursos minerais usando a Variância de Interpolação. *Rev. Bras. Geociências*, v.29, p.349-56, 1999.

YAMAMOTO, J. K., ROCHA, M. M. Conceitos básicos. In: YAMAMOTO, J. K. (Ed.) *Avaliação e classificação de reservas minerais*. São Paulo: Editora da Universidade de São Paulo, 2001. p.9-34.

YATES, S. R., YATES, M. V. *Geostatistics for Waste Management*: A User's Manual for the GEOPACK (version 1.0) Geostatistical Software System. U.S. Environmental Protection Agency Report 600/8-90/004. 1990.

SOBRE O LIVRO

*Formato*: 16 x 23 cm
*Mancha*: 28 x 47 paicas
*Tipologia*: IowanOldSt BT 10/14
*Papel*: Offset 75 g/m² (miolo)
Cartão Supremo 250 g/m² (capa)
*2ª edição*: 2004

EQUIPE DE REALIZAÇÃO

*Coordenação Geral*
Sidnei Simonelli

*Produção Gráfica*
Anderson Nobara

*Edição de Texto*
Nelson Luís Barbosa (Assistente Editorial)
Ada Santos Seles (Preparação de Original)
Fábio Gonçalves (Revisão)
Oitava Rima Prod. Editorial (Atualização Ortográfica)

*Editoração Eletrônica*
Oitava Rima Produção Editorial

Impressão e acabamento

psi7
psi7.com.br | book7
book7.com.br